▶中华传统文化通俗读本◀

中国人的 24个节气

康 威 编著

经济科学出版社

图书在版编目（CIP）数据

中国人的24个节气/康威编著.—北京：经济科学出版社，2014.2（2015.11重印）
ISBN 978-7-5141-4306-5

Ⅰ.①中… Ⅱ.①康… Ⅲ.①二十四节气—通俗读物 Ⅳ.①P462-49

中国版本图书馆CIP数据核字（2014）第027923号

责任编辑：侯晓霞　侯加恒
责任校对：刘欣欣
责任印制：李　鹏

中国人的24个节气

康　威　编著

经济科学出版社出版、发行　新华书店经销
社址：北京市海淀区阜成路甲28号　邮编：100142
教材分社电话：010-88191345　发行部电话：010-88191522
网址：www.esp.com.cn
电子邮件：houxiaoxia@esp.com.cn
天猫网店：经济科学出版社旗舰店
网址：http://jjkxcbs.tmall.com
北京汉德鼎印刷有限公司印刷
华玉装订厂装订
880×1230　32开　6印张　150000字
2014年3月第1版　2015年11月第6次印刷
ISBN 978-7-5141-4306-5　定价：18.00元
（图书出现印装问题，本社负责调换。电话：010-88191502）
（版权所有　翻印必究）

前　言

"春雨惊春清谷天，夏满芒夏暑相连，
秋处露秋寒霜降，冬雪雪冬小大寒。"

——中国民间《二十四节气歌》

二十四节气是根据地球在环绕太阳运行的轨道上所处位置和地面气候演变顺序划定的，属于阳历的范畴。地球绕太阳公转一周为360度，以春分时为0度，清明时为15度，以后每隔15度为一个节气，全年一共24个节气，一月两节，月首的叫"节气"，月中的叫"中气"。"节"的意思是段落，指气温、物候的一个变化段落；"气"是指气象、气候，这也反映了古人关于四时变化皆源于"气"的观念。

中国二十四节气的日期在阳历中是基本固定的。如立春总是在阳历的二月三日至五日之间。但在农历中，节气的日期却不大好确定，再以立春为例，它最早可在上一年的农历十二月十五日，最晚可在正月十五日。

二十四节气是中国历法的独创，是我国古代科学文化的辉煌成就之一。二十四节气起源于中华文明的摇篮——黄河流域。远在2000多年前的春秋时代，就定出"仲春"、"仲夏"、"仲秋"和"仲冬"等4个节气（出自《尚书·尧典》，即现在的"春分"、"夏至"、"秋分"和"冬至"4个节气）。以后不断地改进与完善，到秦汉年间，二十四节气已完全确立。西汉时期，公元前104年，

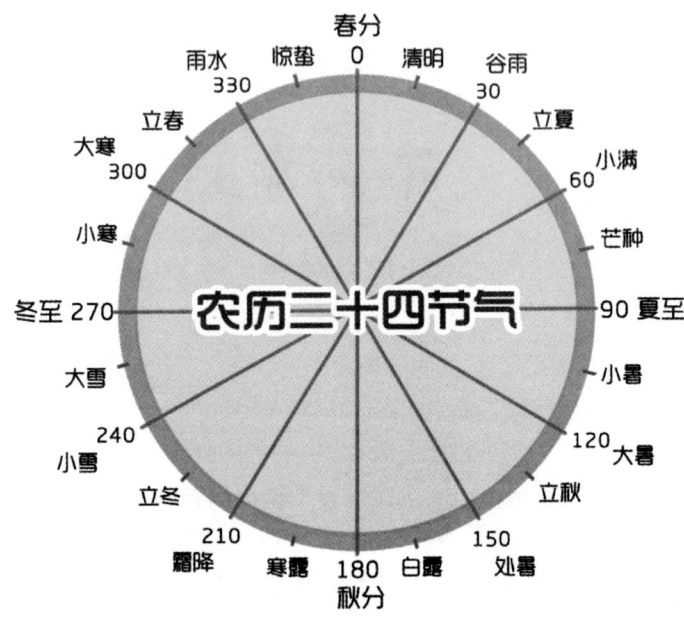

由邓平等制定的《太初历》，正式把二十四节气定于历法，明确了二十四节气的天文位置。

有些人认为在二十四节气是基于中国的阴历确定的。其实不然，因为我国古代的历法其实是阴阳合历，即所谓"农历"。古人经常观测到的天象是日升日落和月缺月圆，所以，以昼夜交替的周期为一"日"，以月相变化的周期为一"月"。中国的阴历就是以月亮围绕地球的公转周期为基础确定的，所以又叫"月亮历"或"太阴历"和"黄历"等。由于月亮绕地球公转一周的时间为29.53天，所以农历平年为353天或354天，比地球绕太阳的公转周期365天5小时48分46秒——阳历（或太阳历）少了11天。如果节气以"阴历"为依据，那就会有很大的不确定性，误差会很大，不能反映四季的变化。

而"阳历"是根据太阳的东升西落和与黄道的夹角等因素制定

的，可以准确反映一年四季的变化，现行的公历就是阳历的一种。二十四节气是按农历计算的，而且在公历上较为固定，由于月亮绕地球一圈大约是29.5306日，而中气（24个节气平均每月2个，第一个叫节气，第二个叫中气）与中气之间平均为30.4368日，相差近1日，这样中气（气节也一样）在农历月中的日期每个月就向后推迟近1日，当中气推迟到下个月时，这个不包含中气的月就是上个月的闰月，沿用上个月的名称，只是在前面加个"闰"字。

地球南北半球气候的变化取决于地球自转角度的变化所引起的太阳光照射角度，如每年"夏至"时太阳直射北回归线，北半球开始进入夏季最炎热的季节，南半球则相反——进入冬季最寒冷的季节；而"冬至"时太阳光直射南回归线，南半球进入夏季最炎热的季节，北半球进入冬季最寒冷的时期。

中国古人所制定的反映气候变化借以指导农业生产的二十四节气中的每一个都有明确的含义。

立春：立是开始的意思，立春就是春季的开始。

雨水：降雨开始，雨量渐增。

惊蛰：蛰是藏的意思。惊蛰是指春雷乍动，惊醒了蛰伏在土中冬眠的动物。

春分：分是平分的意思。春分表示昼夜平分。

清明：天气晴朗，草木繁茂。

谷雨：雨生百谷。雨量充足而及时，谷类作物能茁壮成长。

立夏：夏季的开始。

小满：麦类等夏熟作物籽粒开始饱满。

芒种：麦类等有芒作物成熟。

夏至：炎热的夏天来临。

小暑：暑是炎热的意思。小暑就是气候开始炎热。

大暑：一年中最热的时候。

立秋：秋季的开始。

处暑：处是终止、躲藏的意思。处暑是表示炎热的暑天结束。
白露：天气转凉，露凝而白。
秋分：昼夜平分。
寒露：露水已寒，将要结冰。
霜降：天气渐冷，开始有霜。
立冬：冬季的开始。
小雪：开始下雪。
大雪：降雪量增多，地面可能积雪。
冬至：寒冷的冬天来临。
小寒：气候开始寒冷。
大寒：一年中最冷的时候。

二十四节气主要是根据中华民族的摇篮——黄河中下游地区的气候特征确定的，各节气的农事活动主要围绕春耕、夏耘、秋收和冬藏安排。由于中国幅员辽阔，南北跨度大，北起漠河（北纬53°30′），南到南沙群岛南端的曾母暗沙（北纬4°），南北相距约5500公里，跨纬度49度多，所以相同节气在各地的气候和物候特征差别极大。如冬小麦的播种时间在华北地区是"白露早，寒露迟，秋分种麦正当时"；河南是"秋分早，霜降迟，寒露种麦正当时"。而秦岭以南的四川则是"寒露早，立冬迟，霜降种麦正当时"。

几千年来，我国劳动人民为了说明节气的变化规律，编写了二十四节气歌：

春雨惊春清谷天，夏满芒夏暑相连，
秋处露秋寒霜降，冬雪雪冬小大寒。
每月两节不变更，最多相差一两天，
上半年来六、廿一，下半年是八、廿三。

在四川地区，还流传着一首《节气百子歌》，每句以"子"结尾，描述了旧社会劳动人民的苦和乐：

说个子来道个子，正月过年耍狮子。

前 言

二月惊蛰抱蚕子，三月清明坟飘子。
四月立夏插秧子，五月端阳吃粽子。
六月天热买扇子，七月立秋烧袱子。
八月过节麻饼子，九月重阳捞糟子。
十月天寒穿袄子，冬月数九烘笼子。
腊月年关四处去躲帐主子。

二十四节气在各季节的分布如下表：

春季	立春 2月3~5日	雨水 2月18~20日	惊蛰 3月5~7日
	春分 3月20~22日	清明 4月4~6日	谷雨 4月19~21日
夏季	立夏 5月5~7日	小满 5月20~22日	芒种 6月5~7日
	夏至 6月21~22日	小暑 7月6~8日	大暑 7月22~24日
秋季	立秋 8月7~9日	处暑 8月22~24日	白露 9月7~9日
	秋分 9月22~24日	寒露 10月8~9日	霜降 10月23~24日
冬季	立冬 11月7~8日	小雪 11月22~23日	大雪 12月6~8日
	冬至 12月21~23日	小寒 1月5~7日	大寒 1月20~21日

康 威
2014年春

目　　录

春天的 6 个节气 ·· 1

立春 ·· 3
　　东风解冻——立春节气的由来 ························ 4
　　鞭打春牛——立春节气的习俗 ························ 5
　　升阳护肝——立春节气的养生 ························ 8
雨水 ·· 12
　　春风化雨——雨水节气的由来 ······················ 12
　　二月二，龙抬头——雨水节气的习俗 ············ 13
　　健旺脾胃——雨水节气的养生 ······················ 16
惊蛰 ·· 18
　　雨润雷动——惊蛰的由来 ····························· 18
　　祭白虎、打小人——惊蛰节气的习俗 ············ 20
　　护肝健脾——惊蛰节气的养生 ······················ 22
春分 ·· 25
　　春色正中分——春分节气的由来 ··················· 25

送春牛、吃春菜——春分节气的习俗 ………………………… 27
平衡阴阳——春分节气的养生 …………………………………… 29

清明 ……………………………………………………………………… 31
天清地明——清明节气的由来 …………………………………… 31
扫墓踏青——清明节气的习俗 …………………………………… 34
保肝护胃——清明节气的养生 …………………………………… 37

谷雨 ……………………………………………………………………… 39
雨水生百谷——谷雨节气的由来 ………………………………… 40
赏牡丹、采新茶——谷雨节气的习俗 …………………………… 42
健脾除湿——谷雨节气的养生 …………………………………… 44

夏天的 6 个节气 ……………………………………………………… 45

立夏 ……………………………………………………………………… 47
万物竞秀——立夏节气的由来 …………………………………… 48
称人、斗蛋——立夏节气的习俗 ………………………………… 49
养心调神——立夏节气的养生 …………………………………… 52

小满 ……………………………………………………………………… 54
小得盈满——小满节气的由来 …………………………………… 55
祭三车、食苦菜——小满节气的习俗 …………………………… 56
健脾除湿——小满节气的养生 …………………………………… 58

芒种 ……………………………………………………………………… 60
三夏大忙——芒种节气的由来 …………………………………… 62
端午祭屈原——芒种节气的习俗 ………………………………… 62
平心静气——芒种节气的养生 …………………………………… 65

夏至 67
    日长之至——夏至节气的由来 68
    冬至饺子夏至面——夏至节气的习俗 70
    神清气和——夏至节气的养生 72

小暑 75
    热气犹小——小暑节气的由来 75
    头伏饺子二伏面——小暑节气各地的习俗 76
    心如止水——小暑节气的养生 79

大暑 81
    清风无处寻——大暑节气的由来 81
    饮伏茶、晒伏姜——大暑节气的习俗 83
    冬病夏治——大暑节气的养生 86

秋天的 6 个节气 89

立秋 91
    秋风送爽——立秋节气的由来 92
    "贴秋膘"——立秋节气的习俗 92
    收阳养阴——立秋节气的养生 93

处暑 97
    天地始肃——处暑节气的由来 98
    祭祖、迎秋——处暑节气的习俗 98
    防三"邪"——处暑节气的养生 100

白露 103
    露凝而白——白露节气的由来 103
    饮白露茶、酿白露米酒——白露节气的习俗 104

养阴护阳——白露节气的养生 …… 106

秋分

阴阳相半——秋分节气的由来 …… 109
秋分祭月——秋分节气的习俗 …… 110
秋分防秋燥——秋分节气的养生 …… 114

寒露

鸿雁南飞——寒露节气的由来 …… 118
重阳登高——寒露节气的习俗 …… 118
养阴防燥——寒露节气的养生 …… 121

霜降

凝露为霜——霜降节气的由来 …… 125
赏菊、贴秋膘——霜降节气各地的习俗 …… 126
护胃防咳——霜降节气的养生 …… 127

冬天的 6 个节气 …… 129

立冬

万物收藏——立冬节气的由来 …… 132
立冬补冬——立冬节气的习俗 …… 132
补肾藏精——立冬节气的养生 …… 135

小雪

地寒未甚——小雪节气的由来 …… 139
腌腊肉、晒鱼干——小雪节气的习俗 …… 140
潜藏收敛——小雪节气的养生 …… 141

大雪

大者盛也——大雪节气的由来 …… 145

三九补，补一冬——大雪节气的习俗 ………………… 146
  温补避寒——大雪节气的养生 …………………………… 147

冬至 …………………………………………………………… 150
  阴极而阳——冬至节气的由来 …………………………… 151
  冬至饺子夏至面——冬至节气的习俗 …………………… 152
  收藏阳气——冬至节气的养生 …………………………… 156

小寒 …………………………………………………………… 159
  冷在三九——小寒节气的由来 …………………………… 159
  腊八粥和腊八蒜——小寒节气的习俗 …………………… 160
  补脾胃、温肾阳——小寒节气的养生 …………………… 163

大寒 …………………………………………………………… 166
  天寒地冻——大寒节气的由来 …………………………… 167
  祭灶和除夕——大寒节气的习俗 ………………………… 167
  养阴护阳——大寒节气的养生 …………………………… 171

参考文献 ……………………………………………………… 174

春天的6个节气

Spring

立 春

"立春"位居二十四节气之首,是重要的岁时节日,在每年的2月3~5日之间。是日,斗指东北,太阳黄经为315度。自秦代以来,我国就一直以立春作为春季的开始。立春是从天文上来划分的,而在自然界、在人们的心目中,春是温暖,是鸟语花香;春是生长,是耕耘播种。是谓"春日迟迟,卉木萋萋。仓庚喈喈,采蘩祁祁"①。

时至立春,人们明显地感觉到白昼长了,太阳暖了。气温、日照、降雨,都趋于上升或增多。小春作物长势加快,油菜抽苔和小麦拔节时耗水量增加,应该及时浇灌追肥,促进生长。农谚提醒人们"立春雨水到,早起晚睡觉"——春季备耕开始了。虽然已是立春,但是中华大地大部分地区仍是很冷,依然是"白雪却嫌春色晚,故穿庭树作飞花"②的景象。这些气候特点,在安排农业生产时都是应该考虑到的。

---

① 《诗经·小雅·出车》
② 《春雪》。唐代,韩愈。

东风解冻——立春节气的由来

《月令七十二候集解》对于立春做了如下解释:"立春,正月节。立,建始也,五行之气,往者过,来者续。于此而春木之气始至,故谓之立也"。说的是立春意味着冬季结束,春天的开始。农谚有"春打六九头"、"几时霜降几时冬,四十五天就打春"之说,从冬至开始入九到"五九"45天,因而立春正好是"六九"的开始。立春有时在农历十二月,但多数是在农历正月。

古人把"立春"的物候①归结为"第一候,东风解冻。第二候,蛰虫始震。第三候,鱼陟负冰。"说的是立春后的头5日东风送暖,大地开始解冻;5日后,蛰居的虫类慢慢在洞中苏醒;再过5日,河里的冰开始溶化,鱼开始到水面上游动,此时水面上还有没完全溶解的碎冰片,如同被鱼负着一般浮在水面。

旧俗中立春日是民间传统节日,称"立春节",中国自古为农业国,春种秋收,关键在春。《事物纪原》记载:"周公始制立春土牛,盖出土牛以示农耕早晚。"

在"立春"这一天,举行纪念活动的历史悠久,至少在3000年前的周朝就已经出现。当时,祭祀的句芒②亦称芒神,是主管农事的春神。据文献记载,周朝迎接"立春"的仪式大致如下:立春前3日,天子开始斋戒,到了立春日,亲率三公九卿诸侯大夫,到

---

① 我国古代黄河流域的物候历,以五日为一候,三候为一气,一年分二十四气,共七十二候。每候以一个物候现象相应,叫"候应",表示一年中物候和气候变化的一般情况。

② 句(读gōu)芒,或名句龙,中国古代神话中的木神(春神),主管树木的发芽生长,少昊的后代,名重,为伏羲臣。太阳每天早上从扶桑上升起,神树扶桑归句芒管,太阳升起的那片地方也归句芒管。句芒在古代非常非常重要,每年春祭都有份。他的本来形象是鸟身人面,乘两龙,现在依然可以在祭祀仪式和年画中见到他;他变成了春天骑牛的牧童,头有双髻,手执柳鞭,亦称芒童。

东方八里之郊迎春,祈求丰收。那么,为什么要到东郊去迎春呢?这是因为迎春活动祭拜的句芒神,居住在东方。后来,迎春活动的地点就不止是在东郊了。比如宋代的《梦粱录》中就记载:"立春日,宰臣以下,入朝称贺。"这就证明,迎春活动已经从郊野进入宫廷,成为官吏之间的互拜。

到了清代,迎春仪式更演变为社会瞩目、全民参与的重要民俗活动。据《燕京岁时记》中记载:"立春先一日,顺天府官员,在东直门外一里春场迎春。立春日,礼部呈进春山宝座,顺天府呈进春牛图,礼毕回署,引春牛而击之,曰打春。"所以立春,又俗称"打春"。清代卢道悦的《迎春》中就有"不须迎向东郊去,春在千门万户中"的诗句。清人所著的《清嘉录》则指出,立春祀神祭祖的典仪,虽然比不上正月初一的岁朝,但要高于冬至的规模。

鞭打春牛——立春节气的习俗

鞭春

"鞭春"俗称"打春牛"。这一习俗至少始于3000年前的周朝,最初是一种策励农耕的民俗,据说是怕牛休息一冬后变得懒散了,所以用彩鞭、木棍打它,让牛辛勤耕作,勿误农时。到了清代,这一迎春仪式成了举国瞩目、全民参与的重要民俗活动,皇帝亲自执鞭,三鞭春牛,地点就在北京东直门外一里处。春牛不是活的耕牛,而是泥捏纸粘的假牛,也叫"土牛"。后来许多人家还用柳条来轻轻抽打孩子,希望孩子在新的一年能更加上进,力争上游。

现在,城市里已不再举行"鞭春"活动,但农村仍有打春牛的风俗。立春前,用泥塑一牛,称为春牛。立春日,村里推选一位老者,用鞭子象征性地打春牛三下,意味着一年的农事开始。然后众村民将泥牛打烂,谓之"春牛土",分土而回,洒在各自的农田。山西吕梁地区盛行用春牛土在门上写"宜春"二字;晋东南地区习

惯用春牛土涂耕牛角，传说可以避免牛瘟；晋南地区讲究用春牛土涂灶，据说可以祛蚍蜉。

祭句芒神

句芒为春神，即草木神和生命神。传说中的句芒形象是人面鸟身，执规矩，主春事。在周代就有设东堂迎春之事，说明祭句芒由来已久。

浙江地区立春前一日有迎春之举。立春前一日抬着句芒神出城上山，同时又祭太岁。太岁为值岁之神，坐守当年，主管当年之休咎，因此民间也多祭之。迎神时多举行有大班鼓吹、抬阁、地戏、秧歌、打牛等活动。从乡村抬进城后，人们夹道聚观，争掷五谷，谓之"看迎春"。山东迎春祭句芒时，根据句芒的服饰预告当年的气候状况：戴帽则示春暖，光头则示春寒，穿鞋则示春雨多，赤脚则示春雨少。其他地区则贴"春风得意"等年画。广州地区则在立春前后，击鼓驱疫，祈求平安。

迎春

旧时迎春是立春的重要活动，事先必须做好准备，进行预演，俗称"演春"，然后才能在立春那天正式迎春。迎春是在立春前一日进行的，目的是把春天和句芒神接回来。迎春设"春官"，该职由乞丐担任，或者由娼妓充当，并预告立春之时。过去在每年的皇历上都有芒神、春牛图，清末《点石斋画报》上的"龟子报春"、"铜鼓驱疫"，都是当时过立春节日的重要活动。

卷春

所谓"卷春"就是吃春饼，是人们将烙好的薄饼卷上豆芽、大葱等新鲜青菜以及酱料一起吃，象征着人们要把春天的新鲜气息和力量吃进去，让自己春播干活儿的时候，更有干劲。

民间在立春这一天要吃一些春天的新鲜蔬菜，既为防病，又有迎接新春的意味。唐《四时宝镜》记载："立春，食芦、春饼、生菜，号'菜盘'"。可见唐代人已经开始试春盘、吃春饼了。

春饼，又叫荷叶饼，其实是一种烫面薄饼——用两小块水面，中间抹油，拼成薄饼，烙熟后可揭成两张，用来卷菜吃。

山西运城地区新嫁女，娘家要接回，称为"迎春"；临汾地区则习惯请女婿吃春饼。河北南部地区有"打春吃瓜，活到八十八"的民谚，瓜指的是南瓜，当地居民有在这天吃南瓜馅儿饺子或南瓜馅儿包子的习惯。

啃春

"啃春"则是啃萝卜，代表着人们为自己打气鼓劲。萝卜脆爽微辣，吃萝卜能顺气、防病，让人们在春天身体更好，更有活力。

因为萝卜味辣，取古人"咬得草根断，则百事可做"之意。在老北京，这一日从一大清早，就有人挑着担子在胡同里吆喝："萝卜赛梨……"，那时候再穷的人家也要买个萝卜给孩子咬咬春。一个啃字，是心情，更是心底埋下的吃得了苦的一种坚韧，是中国人特有的一种风俗。

春鸡

立春节,女孩子剪彩为燕,称为"春鸡";贴羽为蝶,称为"春蛾";缠绒为杖,称为"春杆"。戴在头上,争奇斗艳。山西晋东南地区的女孩子们,喜欢交换这些头戴,传说主蚕兴旺;乡宁等地习惯用绢制作小娃娃,名为"春娃",佩戴在孩童身上;晋北地区讲究缝小布袋,内装豆、谷等杂粮,挂在耕牛角上,取意六畜兴旺,五谷丰登,一年四季,平安吉祥。

抬春色

据《粤游小志》载,清朝时,广东潮汕地区还有一种称为"抬春色"的活动。在立春日的游行队伍中,必有装饰过的台阁,上坐歌妓,由两个人抬着走。嘉应梅州地区还有高春、矮春的区别,矮春为一人坐台上;高春则用两人:一人立在台上,其身后扎一根直木隐藏在长衣中,与其肩却平齐;然后再横扎一根木棍在直木上端,这横木隐藏在宽袖中,横木上再站一个人,为保险起见,将横木上所站之人的两脚牢牢扎在横木上。台上一高一低的两个人,装扮成某个故事中的人物。另有一个人手持缠着布条的长棍子,叉支在上面的那个人腋下,随着迎春队伍游行,如路上遇到障碍,则用长棍子拨开障碍物。

立春后,人们在春暖花开的日子里,喜欢外出游春,俗称出城探春、踏春,这也是春游的主要形式。

升阳护肝——立春节气的养生

立春揭开了春天的序幕,表示万物复苏的春季的开始。"律回岁晚冰霜少,春到人间草木知"[1],形象地反映出立春时节的自然特色。随着立春的到来,人们明显地感觉到白天渐长,太阳也暖和多

---

[1] 《立春偶成》,南宋诗人张栻。

了，降水趋于增多。

中医养生讲究顺应天时，一年二十四节气中的每一个节气都有不同的养生重点。顺应气候环境的变化，从"立春"日起，人体生理机能也发生改变。传统中医理论认为，立春后人体少阳经脉的经气开始升发，肝阳随着阳气升发而上升，机体将慢慢进入新陈代谢比较旺盛的阶段。所以，立春后养生保健的方法、饮食起居的宜忌又与隆冬不一样。

早起早睡以养肝

我国中医学认为：肝脏与草木相似，草木在春季萌发生长，肝脏在春季时功能也更活跃。因此，初春养生以养肝护肝为主。

乐观开朗。由于肝喜疏恶郁，故生气发怒易导致肝脏气血淤滞不畅而成疾。要想肝脏强健，首先要学会息怒，即使生气也不要超过3分钟，要尽力做到心平气和、乐观开朗、达观无忧，平息肝火，使肝气正常升发、顺调。肝火旺盛的人更应着重疏肝，可用柴胡、白芍、黄芩、蛇舌草、车前草等煲水饮用。肝病患者，包括肝硬化、乙型肝炎患者除保持心情舒畅之外，最好采用疏肝健脾的食疗方案，如鸡骨草鲫鱼汤等，忌食煎炸、燥热、肥腻难消化的食物。

多饮水。初春寒冷干燥易缺水，多喝水可补充体液，增强血液循环，促进新陈代谢；多喝水还可促进消化腺的分泌，以利于消化、吸收和废物的排除，减少代谢产物和毒素对肝脏的损害。

饮酒适量，利于肝脏阳气升发。初春时节，寒气较盛，少量饮酒有利于通经、活血、化瘀和肝脏阳气之升发。但不能贪杯过量，肝脏代谢酒精的能力是有限的，多饮会伤肝。

容易出现春困、腿重的人，是"湿"的一种表现，要祛湿，可用荷叶煲汤，也可在汤水中加入藿香、薏仁、云苓等，每周1~2次，以达健脾祛湿之效。

防止旧病复发

古谚语："百草回芽，旧病萌发"。立春后是疾病多发的季节。

春天的多发病有肺炎、肝炎、流脑、麻疹、腮腺炎、过敏性哮喘、心肌梗塞、精神病等。因此对于有肝炎、过敏性哮喘、心肌梗塞等病史的患者要特别注意调养，预防复发。

不要过早减衣

"乍暖还寒时候，最难将息。"[①] 立春气温还未转暖，不要过早减掉冬衣，正如民谚所说的"春不减衣，秋不戴帽"。冬季穿了几个月的棉衣，身体生热散热的调节与冬季的环境温度处于相对平衡的状态。过早减掉冬衣，一旦气温下降，就难以适应，会使身体抵抗力下降。病菌乘虚袭击机体，容易引发各种呼吸系统疾病及冬春季传染病。

每天梳头百下

《养生论》说："春三月，每朝梳头一二百下"。因为春天是自然阳气萌生升发的季节，这时人体的阳气也顺应自然，有向上向外升发的特点，表现为毛孔逐渐舒展，代谢旺盛，生长迅速。故春天梳头，正符合这一春季养生的要求，有宣行郁滞，疏利气血，通达阳气的重要作用。

少吃补品和盐

很多人崇尚冬季进补，但是立春后进补要适度。四季养生有"春生、夏长、秋收、冬藏"的规律，冬季根据个人体质适量进补，符合冬藏的养生原则。但立春的这段时间里，不论是食补还是药补，进补量都要逐渐减少，以便逐渐适应即将到来的春季舒畅、升发、条达的季节特点。与此同时，减少食盐摄入量也很关键，因为咸味入肾，吃盐过量易伤肾气，不利于保养阳气。

宜吃韭菜香菜

春季阳气初生，饮食的调养除了注意升发阳气，还要投脏腑所好，应适当吃些辛甘发散之物，不宜吃酸收之味。因为酸味入肝，

[①] 《声声慢》宋·李清照。

具有收敛之性，不利于阳气的生发和肝气的疏泄。食物可选择辛温发散的葱、香菜、花生、韭菜、虾仁等，少食辛辣之物。

一年之计在于春，从立春开始，顺应春季自然界万物生机勃勃的气象，注意调养身体，就会使自己有强健的体魄迎来新的一年。

雨 水

雨水是二十四节气中的第 2 个节气,在每年的 2 月 19 日前后。是日,斗指壬,太阳黄经达 330 度。此时,气温回升、冰雪融化、降水增多,故取名为雨水。雨水和谷雨、小雪、大雪一样,都是反映降水现象的节气。

春风化雨——雨水节气的由来

元代吴澄所著《月令七十二候集解》载:"正月中,天一生水。春始属木,然生木者必水也,故立春后继之雨水。且东风既解冻,则散而为雨矣"。意思是说,雨水节气前后,万物开始萌动,春天就要到了。《逸周书》中又有雨水节后"鸿雁来"、"草木萌动"等物候记载。

我国古代将雨水分为三候:"一候獭祭鱼;二候鸿雁来;三候草木萌动"。说的是雨水节气后,水獭开始捕鱼了,将鱼摆在岸边如同先祭后食的样子;5 天过后,大雁开始从南方飞回北方;再过 5 天,在"润物细无声"的春雨中,草木随地中阳气的上腾而开始抽出嫩芽。从此,大地渐渐开始呈现出"啼莺舞燕,小桥流水飞红"①的勃勃生气。

雨水不仅表征降雨的开始及雨量增多,而且表示气温的升高。雨水前,天气相对来说比较寒冷。雨水后,人们则明显感到春回大地,春暖花开。黄河流域平均每年初雨期一般在2月中旬,终雪期为3月初。黄河中下游地区雨水时节平均气温4℃左右,降雨量6~7毫米。我国幅员辽阔,雨水后南方多降雨,北方仍有雪。雨水后的降雪称为春雪。

雨水节气,全国大部分地区严寒多雪已过,开始下雨,且雨量渐渐增多,有利于越冬作物返青、生长,应抓紧越冬作物田间管理,做好选种、春耕、施肥等春耕春播准备工作。在雨水节气的15天里,我们从"七九"的第六天走到"九九"的第二天,"七九河开八九燕来,九九加一九耕牛遍地走",这意味着除了西北、东北、西南高原的大部分地区仍处在寒冬之中外,其他许多地区正在或已经完成了由冬转春的过渡,在春风雨水的催促下,广大农村开始呈现出一派春耕的繁忙景象。

二月二,龙抬头——雨水节气的习俗

二月二,龙抬头

"二月二"这一节日习俗起源很早,民间流传"二月二,龙抬头;大仓满,小仓流",象征着春回大地,万物复苏。

大约从唐朝开始,中国人就有过"二月二"的习俗。相传当年女皇武则天自立周朝,面南称帝。玉帝遂降旨龙王3年不许周界有雨。龙王心慈,不忍见生灵受苦,甘犯天威,降了一场大雨,玉皇大怒,将其拿下治罪,压于山下。后因百姓日日为其祈祷,感动玉帝,将龙王释放。这一天刚好是二月初二。于是,以后就有了"二

---

① 《天净沙·春》元·白朴。

月二,龙抬头"的典故。

从"二月二"以后,气温逐渐转暖,雨水会逐渐增多起来。经过冬眠,百虫开始苏醒。俗话说"二月二,龙抬头,蝎子、蜈蚣都露头。"因此,这天也叫"春龙节"。从此时开始,农民告别农闲,开始下地劳作了。所以,古时也把"二月二"又叫作"上二日","春龙节"在古时又称"春耕节"。据说,这一天如果还没有醒的话,那轰轰隆隆的雷声就要来呼唤它了。

在北方,"二月二"又叫龙抬头日、春龙节、农头节。在南方叫踏青节,古称挑菜节。依据气候规律,农历二月二之时,我国大部分地区受季风气候影响,温度回升,日照时数增加,雨水也逐渐增多,光、温、水条件已能满足农作物的生长,所以"二月二"也是南方农村的农事节。沈榜《宛署杂记》记载:"宛人呼二月二为龙抬头。乡民用灰自门外委婉布入宅厨,旋绕水缸,呼为引龙回"。明人于奕正、刘侗的《帝京景物略》中说:"二月二日曰,龙抬头、煎元旦祭余饼,熏床炕,曰,熏虫儿;谓引龙,虫不出也。"俗话说"龙不抬头天不下雨",龙是祥瑞之物,和风化雨的主宰。"春雨贵如油",人们祈望龙抬头兴云作雨,滋润万物。同时,"二月二"正是惊蛰前后,百虫蠢动,疫病易生,古代中国人把生物分成毛虫(披毛兽类)、羽虫(鸟类)、介虫(有甲壳类)、鳞虫(有鳞之鱼类和有翅之昆虫类)和人类五大类。龙是鳞虫之长,龙出则百虫伏藏。所以,农历二月初二龙抬头,是希望借龙威以慑服蠢蠢欲动的虫子,目的在于祈求农业丰收与人畜平安。

"二月二龙抬头,家家男子剃龙头"。旧时民间有"有钱无钱,剃头过年"的说法。春节前剃头理发到了"二月二",已经一个多月,正是需要剃头理发的时候。"二月二龙抬头",是吉祥如意的日子,时间一长,就形成了二月二剃头的习俗。"二月二龙抬头,家家小孩剃毛头"也是这一原因,为取吉利在剃头中间加"龙"字,叫剃"龙"头,以区别其他时间的剃头,还有些女孩选此日穿耳孔。

雨水节，回娘家

这是流行于川西一带汉族节日习俗。到了雨水节气，出嫁的女儿纷纷带上礼物回娘家拜望父母。生育了孩子的妇女，须带上罐罐肉、椅子等礼物，感谢父母的养育之恩。久不怀孕的妇女，则由母亲为其缝制一条红裤子，穿到贴身处，据说这样可以尽快怀孕生子。该习俗现在仍在农村流行。

拉保保

这也是四川一些地区的民间习俗。旧社会，人们迷信命运，为儿女求神问卦，看自己的儿女好不好带，尤独子者更怕夭折，一定要拜个干爹，按小儿的生辰年月日时同金、木、水、火、土，找算命先生算算命上相合相克的关系，如果命上缺木，拜干爹取名字时就要带木字，才能保险儿子长命百岁。此举一年复一年，久而久之成一方之俗，传承至今更名拉"保保"。

在正月雨水节拉干爹，意取雨露滋润易生长之意，还有不择时日的所谓"拜拉路干爹"、"上门拜干爹"者。是日，罗汉寺山门前,古柏森森的道路上人流如潮,巫卜星相、纸钱香蜡、小食摊点、流动商贩,云集道旁善男信女,大家闺秀、公子哥儿、山民村姑,三五成群,拉拉扯扯,挤来拥去,欢声笑语,热闹非常。要拉干爹的父母手提装好酒菜香蜡纸钱的箢箢儿,背着、抱着、牵着娃娃在人群中穿来穿去找准干爹对象,如果娃娃有常识就拉一个知书识礼有字墨的文人为干爹;如果娃娃身体瘦弱就拉一个身材高大强壮的人作干爹。一旦有人被拉着当"干爹",有的扯脱就跑,有的扯也扯不脱身,大都爽快的应允,认为这是对自己的信任,相信自己的命运也会好起来。

健旺脾胃——雨水节气的养生

雨水节气的养生重在调养脾胃。中医学称脾胃为"水谷之海"、"后天之本"、"气血生化之源",有益气化生营血之功。脾胃的强弱是决定寿命的重要因素。脾胃是人体机能活动的物质基础,营卫、气血、津液、精髓等,都化生于脾胃,脾胃健旺,化源充足,脏腑功能才能强盛。明代医家张景岳提出:"土气为万物之源,胃气为养生之主。胃强则强,胃弱则弱,有胃则生,无胃则死,是以养生家必当以脾胃为先"。(在五行与五脏的关系中,五行中的土对应于五脏中的脾)《图书编·脏气脏德》指出:"养脾者,养气也,养气者,养生之要也"。可见,脾胃健旺是人们健康长寿的基础。

调养脾胃的具体方法可根据自身情况有选择地进行饮食调节、药物调养和起居劳逸调摄。

饮食调节

春季气候转暖,然而又风多物燥,常会出现皮肤、口舌干燥,嘴唇干裂等现象,故应多吃新鲜蔬菜、多汁水果以补充人体水分。由于春季为万物生发之始,阳气发散之季,应少食油腻之物,以免助阳外泄，否则肝木生发太过，则克伤脾土。唐代养生学家孙思邈在《千金方》中说："春七十二日，省酸增甘，以养脾气"。五行中肝属木，味为酸，脾属土，味为甘，木胜土。所以，春季饮食应少吃酸味，多吃甜味，以养脾脏之气。可选择韭菜、香椿、百合、豌豆苗、茼蒿、荠菜、春笋、山药、藕、芋头、萝卜、荸荠、甘蔗等。少吃生冷粘杂食物，以防伤及脾胃。

药物调养

要考虑脾胃升降生化机能，用升发阳气之法，调补脾胃。可选用沙参、西洋参、决明子、白菊花、首乌粉及补中益气汤等。

精神调养

"凡愤怒、悲思、恐惧，皆伤元气"，因此在精神调摄方面要静心寡欲、不妄作劳，以养元气。

日常起居

起居有常，劳逸结合。即顺应自然，保护生机遵循自然变化的规律，使生命过程的节奏，随着时间、空间和四时气候的改变而进行调整，使其达到健运脾胃，调养后天，延年益寿的目的。

忌食食物：正月忌食羊肉、狗肉、雀肉，不生食葱蒜，花生宜煮不宜炒。

惊 蛰

惊蛰,是二十四节气中的第 3 个节气,在每年 3 月 5 日或 6 日。是日,斗指丁,太阳到达黄经 345 度。惊蛰的意思是天气回暖,春雷始鸣,惊醒蛰伏于地下冬眠的昆虫。蛰是藏的意思。

晋代诗人陶渊明有诗曰:"促春遘(gòu)时雨,始雷发东隅,众蛰各潜骇,草木纵横舒。"实际上,昆虫是听不到雷声的,大地回春,天气变暖才是使它们结束冬眠、惊而出走的原因。

雨润雷动——惊蛰的由来

《月令七十二候集解》中对于惊蛰的描述为:"二月节,万物出乎震,震为雷,故曰惊蛰。是蛰虫惊而出走矣"。说的是农历二月后雨水渐丰,雷声频频,冬眠潜藏在地下的虫儿们受惊而出。

我国古代将惊蛰分为三候:"一候桃始华;二候仓庚(黄鹂)鸣;三候鹰化为鸠"。将惊蛰描述为桃花红、李花白,黄莺鸣叫、燕飞来的时节,大部分地区都已进入了春耕。惊醒了蛰伏在泥土中冬眠的各种昆虫的时候,此时过冬的虫卵也要开始孵化,由此可见惊蛰是反映自然物候现象的一个节气。

惊蛰在农事上有着重要的意义。我国劳动人民自古就很重视这一节气,把它视为春耕开始的日子。唐代诗人韦应物的《观田家》云:"微雨众卉新,一雷惊蛰始。田家几日闲,耕种从此起。丁壮俱在野,场圃亦就理。归来景常晏,饮犊西涧水。饥劬①不自苦,膏泽且为喜。"为我们真实再现了自惊蛰伊始,农民就没有几日闲,开始了起早贪黑的繁忙春耕。农谚说:"过了惊蛰节,锄头不停歇。""九尽杨花开,农活一齐来。"惊蛰季节来临,在农事上可以说得上是季节不等人,一刻值千金。此时,华北冬小麦开始返青生长,土壤仍冻融交替,及时耙地是减少水分蒸发的重要措施。"惊蛰不耙地,好比蒸馍走了气",这是当地农村防旱保墒的宝贵经验。江南小麦已经拔节,油菜也开始见花,对水、肥的要求均很高,应适时追肥,干旱少雨的地方应适当浇水灌溉。南方雨水一般可满足菜、麦及绿肥作物春季生长的需要,防止湿害则是最重要的。俗话说:"麦沟理三交,赛如大粪浇"、"要得菜籽收,就要勤理沟",指的都是清沟沥水,防止湿害。华南地区早稻播种应抓紧进行,同时要做好秧田防寒工作。随着气温回升,茶树也渐渐开始萌动,应进行修剪,并及时追施"催芽肥",促其多分枝,多发叶,提高茶叶产量。桃、梨、苹果等果树要施好花前肥。

惊蛰雷鸣最引人注意,如"未过惊蛰先打雷,四十九天云不开"。惊蛰节气正处乍寒乍暖之际,根据冷暖预测后期天气的谚语有:"冷惊蛰,暖春分"等。惊蛰节气的风也可用来做预测后期天气的依据,如"惊蛰刮北风,从头另过冬"、"惊蛰吹南风,秧苗迟下种"等,说的是惊蛰以后风向的变化对天气可能的影响。现代气象科学表明,惊蛰前后,之所以偶有雷声,是大地湿度渐高而促使

---

① 音 qú。饥劬:饥饿劳累之意。

近地面热气上升或北上的湿热空气势力较强与活动频繁所致。从我国各地自然物候进程看，由于南北跨度大，春雷始鸣的时间迟早不一。就多年平均而言，云南南部在阳历1月底前后即可闻雷，而北京的初雷日却在阳历4月下旬。"惊蛰始雷"的说法仅与沿长江流域的气候规律相吻合。

祭白虎、打小人——惊蛰节气的习俗

祭白虎化解是非

惊蛰在中国很多地区被看作是"白虎开口日"。中国的民间传说白虎是口舌、是非之神，每年都会在这天出来觅食，开口噬人，犯之则在这年之内，会遭邪恶小人对你兴风作浪，阻挠你的前程发展，致使百般不顺。人们为了自保，便在惊蛰那天祭白虎。所谓祭白虎，是指拜祭用纸绘制的白老虎，一般为黄色黑斑纹，口角画有一对獠牙。

"打小人"驱赶霉运

惊蛰象征早春二月（农历）的开始。平地一声雷，会唤醒所有冬眠中的蛇虫鼠蚁，应声而起，四处觅食。所以古时惊蛰当日，人们会手持清香、艾草，熏家中四角，以香味驱赶蛇、虫、蚊、鼠和霉味。久而久之，渐渐演变成不顺心者拍打对头人、驱赶霉运的习惯，亦即"打小人"的前身。每年惊蛰那天，我国珠江三角洲地区和港澳地区便会出现一个有趣的场景：妇人一边用木拖鞋拍打纸公仔，一边念念有词："打你个小人头，打到你有气冇定抖，打到你食亲野都呕"的打小人咒语。

很多人都将"打小人"神化，其实这纯粹是民间习俗而已，"打小人"的用意是求新一年事事如意，不遭小人侵扰。

惊蛰祭雷神

惊蛰的节气神乃雷神。雷神作为九天之神，地位崇高。各地客

家均有俗谚云："天上雷公，地下舅公。"此语一方面指出了舅父在家族中突出地位，另一方面也暗示雷公是天庭中继天公之后的重要神祇。

在台湾地区，惊蛰的节气神是"雷公"。相传"雷公"是一只大鸟，而且随时随地拿着一支铁锤，就是他用铁锤打出隆隆的雷声，唤醒大地万物，人们才知道春天已经来临了。

广西壮族民间也流行"天上最大是雷公，地下最大的舅公"的俗语。在婚姻缔结过程中，壮族的舅权作用相当突出，一些地方舅舅的意见甚至起关键性的作用。另外，壮族有雷公禁婚的习俗。相传，农历八月至新年二月，天上雷公关门睡大觉，天上、地上均享太平，是吉利的季节，人们当选在这期间办婚事。而农历三月至七月，雷公经常出门行事，不时雷声轰隆，禁止人间办婚事。若有违者，就要受雷公处罚，婚事会办得不顺当，家庭将会欠美满。因此，为了忌讳，这期间一般不相亲，不订婚，不结婚。

惊蛰吃梨　寓意离家创业

山西民间在惊蛰日要吃梨。在"草木纵横舒"的惊蛰时节，晋地乍暖还寒，天气干燥，容易使人口干舌燥、外感咳嗽。而梨味甘汁多，有润肺止咳、滋阴清热功效，此时于人们如自然甘露，去火怡神。

梨性寒，讲究些的人家多制成羹汤或小吃。如蒸梨，是传统的食疗补品，制法是把梨从蒂下1/3处切下当盖，挖去梨心，掏空梨中间果肉切块，与川贝母粉、陈皮丝、冰糖屑等一起装入梨内，再放进加入清水的蒸杯内，武火蒸45分钟即成，对嗓子具有良好的润泽保护作用。

晋菜佛门素斋中有甘露蛊，系西瓜蛊演变而来，还有一道名吃叫炸鲜果卷，是将苹果与梨去皮切丝，加入糖桂花、面粉拌匀，用油皮卷好，投入油锅炸熟，外酥里嫩，香甜适口，果味芳香。晋南民间宴席有以梨制作扣肉，是将五花肉片与梨片一层一层码好，放入碗内加上冰糖蒸熟。如果将梨削皮切条拌以山楂糕条，浇上梅子酱、糖桂花，就可制成一碟酸甜清脆的凉菜来。

吃梨有"生者清六腑之热，熟者滋五腑之阴"（《本草通玄》）说法，无论生吃或熟食，于惊蛰日，都是一种寓食于节的民俗传承。

护肝健脾——惊蛰节气的养生

惊蛰时节人体的肝阳之气渐升，阴血相对不足，养生应顺乎阳气的升发、万物始生的特点，使自身的精神、情志、气血也如春天一样舒展畅达，生机盎然。饮食起居应顺肝之性，助益脾气，令五脏和平。老人更要注意身体的保养。活到80岁的元代著名养生家丘处机在其著作《摄生消息论》中说："当春之时，食味宜减酸益甘，以养脾气……"春季与肝相应，如养生不当则可伤肝。现代流行病学调查亦证实了中医这一观点，尤其在惊蛰里，属肝病的高发季节。

精神调养

精神上要保持愉快、平和淡定的良好心态，切忌妄动肝火，否则肝气太盛，易患头晕、目眩、中风和精神疾患。适当增加丰富多彩的业余活动，如歌舞、欣赏音乐、踏青、多与人际交流等，都可以转移注意力，避免心情不愉快。

日常起居

惊蛰过后，气温逐渐升高，气候变暖，人们也就越来越会感到困乏，这就是俗称的"春困"。要保证充分的睡眠，这样既能养肝护脾，又能精力充沛的工作和生活。

惊蛰节气阳气渐生，气候日趋暖和，但由于北方冷空气仍较强，气候变化大，且早晚与中午的温差很大，冷暖变幻无常，因而"春捂"尤为重要，不宜过早脱去御寒的衣物，须知感冒往往是在气温上升或出汗时脱去过多的衣服，突然着凉时染得的。

惊蛰后的天气明显变暖，不但各种动物开始活动，微生物（包括能引起疾病的细菌、病毒）也开始生长繁殖，各种传染病也开始流行。要注意气象台对强冷空气活动的预报，当心冷暖变化，预防感冒、流感和心脑血管疾病的发生。现代流行病学调查，春天属肝病高发季节，应注意养肝、保肝，防止春季传染病的流行。

日常饮食

惊蛰时节，虽然降雨日渐增多，但气候仍比较干燥，很容易使人口干舌燥、外感咳嗽。我国民间素有惊蛰日吃梨的习俗，这是有道理的：生梨性寒味甘，有润肺止咳、滋阴清热的功效。另外，咳嗽患者还可食用莲子、枇杷、罗汉果等食物缓解病痛。饮食宜清淡，油腻的食物最好不吃，刺激性的食物，如辣椒、葱蒜、胡椒也应少吃。另外，春天肝气旺易伤脾，所以惊蛰季节要少吃酸，多吃大枣、山药等甜食以养脾，可做成大枣粥、山药粥等。

运动健身

经过寒冷的冬季，人们身体各器官、关节、肌肉和韧带的功能都处于较低水平，贸然大幅度运动，像弯低身体、高踢脚尖，是扭腰、跳绳等过度抻拉韧带和骨骼的动作，容易造成运动损伤。因此，剧烈的运动前，充分的热身是必不可少的，可以有效预防肌肉和骨骼遭受损伤。

春 分

春分是二十四节气中的第4个,在每年的3月20日或21日。是日,斗指壬,太阳到达黄经0度。这天昼夜长短平均,正当春季90日之半,故称"春分"。春分这一天阳光直射赤道,昼夜几乎相等,其后阳光直射位置逐渐北移,开始昼长夜短。春分是个比较重要的节气,它不仅有天文学上的意义:南北半球昼夜平分;在气候上,也有明显的特征,春分时节,我国除青藏高原、东北、西北和华北北部地区外都进入明媚的春天,在辽阔的大地上,杨柳青青、莺飞草长、小麦拔节、油菜花香。

春色正中分——春分节气的由来

《月令七十二候集解》中称:"二月中,分者半也,此当九十日之半,故谓之分。秋同义。"即是说春分这天处于90天春季的当中,平分了春季,所以叫作春分。秋分的意思相同。汉代董仲舒《春秋繁露·阴阳出入上下》:"至于中春之月,阳在正东,阴在正西,谓之春分。春分者,阴阳相半也,故昼夜均而寒暑平。"五代宋初的文学家、书法家徐铉的《春分日》有这样一番描写："仲春初四日,春色正中分。绿野徘徊月,晴天断续云。燕飞犹个个,花落已纷纷。思妇高楼晚,歌声不可闻。"

我国古代将春分分为三候:"一候元鸟至;二候雷乃发声;三候始电。"说的是春分日后,燕子便从南方飞来了,下雨时天空便要打雷并发出闪电。

这时我国大部分地区越冬作物进入春季生长阶段。华中地区农谚:"春分麦起身,一刻值千金。"

春分亦是传统节日。在周代,春分有祭日仪式。《礼记》:"祭日于坛。"孔颖达疏:"谓春分也。"此俗历代相传。清潘荣陛《帝京岁时纪胜》:"春分祭日,秋分祭月,乃国之大典,士民不得擅祀。"清代春分前后,宫中寺庙皆有大臣致祭,世家士族也在这天致祭宗祠。

春分时节,除了全年皆冬的高寒山区和北纬45°以北的地区外,全国各地日平均气温均稳定升达0℃以上,严寒已经逝去,气温回升较快,尤其是华北地区和黄淮平原,日平均气温几乎与多雨的江南地区同时升达10℃以上而进入明媚的春季。而华南地区更是一派暮春景象。从气候规律说,这时江南的降水迅速增多;黄河宁夏、内蒙古河段进入春季"桃花汛"期;而在"春雨贵如油"的东北、华北和西北广大地区降水依然很少,抗御春旱的威胁是农业生产上的主要任务。

"春分麦起身,一刻值千金",北方春季少雨的地区要抓紧春灌,浇好拔节水,施好拔节肥,注意防御晚霜冻害;南方仍需继续搞好排涝防渍工作。江南早稻育秧和江淮地区早稻薄膜育秧工作已经开始,早春天气冷暖变化频繁,要注意在冷空气来临时浸种催芽,冷空气结束时抢晴播种。

送春牛、吃春菜——春分节气的习俗

祭日

早在周代,就已有春分祭日仪式。《礼记》:"祭日于坛。"孔颖达疏:"谓春分也"。此俗历代相传。清潘荣陛《帝京岁时纪胜》:"春分祭日,秋分祭月,乃国之大典,士民不得擅祀。"

坐落在北京朝阳门外东南的日坛,又叫朝日坛,便是明、清两代皇帝在春分这一天祭祀大明神(太阳)的地方。朝日定在春分的卯刻,每逢甲、丙、戊、庚、壬年份,皇帝亲自祭祀,其余的年岁由官员代祭。

春祭

旧时,扫墓祭祖始于春分时节,也叫春祭。扫墓前先要在祠堂举行隆重的祭祖仪式,杀猪、宰羊,请鼓手吹奏,由礼生念祭文,带引行三献礼。春分扫墓开始时,首先扫祭开基祖和远祖坟墓,全族和全村都要出动,规模很大,队伍往往达几百甚至上千人。开基祖和远祖墓扫完之后,分房扫祭各房祖先坟墓,最后各家扫祭家庭私墓。大部分客家地区春季祭祖扫墓,都从春分或更早一些时候开始,最迟清明要扫完。各地有一种说法,谓清明后墓门就关闭,祖先英灵就受用不到了。

拜神

在东南沿海地区,春分前后的民俗节日还有二月十五日开漳圣王诞辰:开漳圣王又称"陈圣王",为唐代武进士陈元光,对漳州有功,死后成为漳州守护神。二月十九日观世音菩萨诞辰,是日,信徒们会前往各观音寺庙祭拜。在广东潮汕地区,有二月二十五日祭"三山国王"的习惯。"三山国王"是指广东省潮州府揭阳县的独山、明山、巾山三座山的山神,早年由潮州客家移民奉为守护神,因此信徒以客家籍人士为主。

送春牛

旧时春分时节,农村有挨家送"春牛图"的习俗。"春牛图"是把二开红纸或黄纸印上全年农历节气,还要印上农夫耕田图样,名曰"春牛图"。送图者都是些民间善言唱者,主要说些春耕与不违农时的吉祥话,每到一家即景生情,见啥说啥,说得主人乐而给钱为止。言词虽随口而出,却句句有韵动听。俗称"说春",说春人便叫"春官"。

吃春菜

旧时百姓在春分时节有个不成文的习俗,叫作"春分吃春菜"。"春菜"即野苋菜,乡下人称之为"春碧蒿"。逢春分那天,人们都去采摘"春菜"。采回的春菜一般家里与鱼片"滚汤",名曰"春汤"。有顺口溜道:"春汤灌脏,洗涤肝肠。阖家老少,平安健康。",慢慢地这也成了一个习俗。一年自春,人们祈求的还是阖家安宁,身壮力健。

竖蛋

在每年的春分那一天,世界各地都会有数以千万计的人在做"竖蛋"试验。这一被称之为"中国习俗"的玩艺儿,何以成为"世界游戏",目前尚难考证。不过其玩法确简单易行且富有趣味:选择一个光滑匀称、刚生下四五天的新鲜鸡蛋,轻轻地在桌子上把它竖起来。虽然失败者颇多,但成功者也不少。春分成了竖蛋游戏的最佳时光,故有"春分到,蛋儿俏"的说法。竖立起来的蛋儿好不风光。

粘雀子嘴

旧时,在春分这一天农民都按习俗放假,南方农村每家都要吃汤圆,而且还要把无馅的汤圆煮好,用细竹叉扦着置于室外田边地坎,名曰粘雀子嘴,免得雀子来破坏庄稼。

放风筝

春分期间还是孩子们放风筝的好时候。尤其是春分当天。甚至大人们也参与。风筝类别有王字风筝，鲢鱼风筝，眯蛾风筝，雷公虫风筝，月儿光风筝，其大者有两米高，小的也有二、三尺。市场上有卖风筝的，多比较小，适宜于小孩子们玩耍，而大多数还是自己糊的，较大，放时还要相互竞争看哪个的放得高。

犒劳耕牛

江南地区则流行犒劳耕牛、祭祀百鸟的习俗。春分已至，耕牛即开始一年的劳作，以糯米团喂耕牛表示犒赏；祭祀百鸟，一是感谢它们提醒农时，二是希望鸟类不要啄食五谷，祈祷丰年之意。

平衡阴阳——春分节气的养生

由于春分节气平分了昼夜、寒暑，所以这段时间，人们在保健养生时应注意保持人体的阴阳平衡状态。《素问·至真要大论》："谨察阴阳所在而调之，以平为期"。说的是人体应该根据不同时期的阴阳状况，使"内在运动"也就是脏腑、气血、精气的生理运动,与"外在运动"即脑力、体力和体育运动和谐一致,保持"供需"关系的平衡。避免运动的不足或过量破坏人体内外环境的平衡,导致人体某些器官的损伤和生理功能的失调,进而引起疾病的发生,缩短人的生命。现代医学研究证明:人的生命在活动过程中,由于新陈代谢的不协调,可导致体内某些元素的不平衡状态的出现,即有些元素的积累超量,而有些元素不足,致使早衰和疾病的发生。一些非感染性疾病都与人体元素平衡失调有关。世界上对人类健康危害最大的心血管病和癌症,都与体内物质交换平衡失调密切相关。平衡保健理论研究认为,在人生不同的年龄段里,根据不同的生理特点,调整相应的饮食结构,补充必要的微量元素,维持体内各种元素的平衡,有益于人类健康。

《素问·骨空论》中指出:"调其阴阳,不足则补,有余则泻"。传统饮食养生与中医治疗均可概括为补虚与泻实两方面。如益气、养血、滋阴、助阳、填精、生津为补虚;解表、清热、利水、泻下、祛寒、去风、燥湿等方面则可视为泻实。中医养生实践证明,无论补或泻,都应坚持调整阴阳,以平为期的原则,科学地进行饮食保健,才能有效地防治很多非感染性疾病。

从立春节气到清明节气前后是草木生长萌芽期,人体血液也正处于旺盛时期,激素水平也处于相对高峰期,此时易发常见的非感染性疾病有高血压、月经失调、痔疮及过敏性疾病等。膳食总的原则要禁忌大热、大寒的饮食,保持寒热均衡。应根据自己的实际情况选择膳食。如在烹调鱼、虾、蟹等寒性食物时,其原则必佐以葱、姜、酒、醋类温性调料,以防止菜肴性寒偏凉,食后有损脾胃而引起脘腹不舒;又如在食用韭菜、大蒜、木瓜等助阳类菜肴时常配以蛋类滋阴之品,以达到阴阳互补之目的。

在精神上要保持轻松愉快,乐观向上的精神状态。在起居方面要坚持适当锻炼、定时睡眠、定量用餐,有目的地进行调养,方可达到养生的最佳效果。

清 明

清明是二十四节气中的第 5 个,在仲春与暮春之交的 4 月 5 日前后,也就是冬至后的 108 天。是日,斗指丁,太阳黄经为 15 度。清明节是中国民间传统"八节"(上元、清明、立夏、端午、中元、中秋、冬至、除夕)中非常重要的一个。节期很长,有 10 日前 8 日后和 10 日前 10 日后两种说法,可见清明节气这一天前后近 20 天内均属清明节。

清明一到,气温升高,正是春耕春种的大好时节,故有"清明前后,种瓜点豆"之说。清明节是一个祭祀祖先的节日,传统活动为扫墓。2006 年 5 月 20 日,经国务院批准列入第一批国家级非物质文化遗产名录,2008 年开始,我国将清明节认定为法定节假日,放假一天,一直延续至今。

天清地明——清明节气的由来

中国汉族传统的清明节大约始于周代,距今已有 2500 多年的历史。古人将清明节气分为三候:一候桐始华;二候田鼠化为鹌;三候虹始见。意思是说在这个时节的前 5 天先是白桐花开放,接着的后 5 天中喜阴的田鼠不见了,全回到了地下的洞中，最后的 5 天中雨后的天空可以见到彩虹了。

如今，清明节气中的清明这一天已经成为国家法定假日，全国放假一天。清明节的起源，大致有两种说法：

其一，"清明节"源于中国农历二十四节气中的清明节气。冬至后第 108 天就是清明节气。在古人的观念里，108 是代表完满、吉祥、久远、高深的大数，把清明放在冬至后第 108 天，是有很深的含义。清明的得名，不仅缘于这一时节春意盎然，天气清朗，四野明净，大自然处处勃勃生机，万物生长清洁明净；也缘于这一时期的太阳也是清新的太阳，流转于这一时期天地之间的阳气，也是清新的阳气。《历书》："……清明，时万物皆洁齐而清明，盖时当气清景明，万物皆显，因此得名。"天清地明，用"清明"称这个时期，是再恰当不过的一个词。

其二，清明节始于古代帝王将相"墓祭"之礼。后来民间亦仿效，于此日祭祖扫墓，历代沿袭而成为中华民族一个固定的风俗。要谈清明节，需从一个已失传的节日——寒食节说起。寒食节，又称热食节，禁烟节，冷节，它的日期距冬至 105 日，也就是距清明节不过一天或两天，这个节日的主要节俗是禁火，不许生火煮食，只能食备好的热食，冷食，故而得名。

关于寒食，有这样一个传说：

相传春秋战国时代，晋献公的妃子骊姬为了让自己的儿子奚齐继位，设计谋害太子申生，申生被逼自杀。申生的弟弟重耳，为了躲避灾祸，流亡出走。期间，重耳受尽了屈辱。跟着他一道出奔的臣子，大多各奔东西了，只剩下少数几个忠心耿耿，一直追随着他。其中一人叫介子推。有一次，重耳饿晕了过去。介子推为了救重耳，从自己腿上割下了一块肉，用火烤熟了就送给重耳吃。19 年后，重耳回国做了君主，就是著名春秋五霸之一晋文公。

晋文公执政后，对那些和他同甘共苦的臣子大加封赏，唯独忘了介子推。有人在晋文公面前为介子推叫屈。晋文公猛然忆起旧事，心中有愧，马上差人去请介子推上朝受赏封官。可是，差人去了几趟，介子推不来。晋文公只好亲自去请。可是，当晋文公来到介子推家时，只见大门紧闭——介子推不愿见他，已经背着老母躲进了绵山（今山西介休县东南）。晋文公便让他的御林军上绵山搜索，没有找到。于是，有人出了个主意说，不如放火烧山，三面点火，留下一方，大火起时介子推会自己走出来的。晋文公乃下令举火烧山，孰料大火烧了三天三夜，大火熄灭后，终不见介子推出来。上山寻找，只见介子推母子俩抱着一棵烧焦的大柳树已经死了。晋文公望着介子推的尸体哭拜一阵，然后安葬遗体。在挪动介子推尸体时，发现介子推脊梁堵着个柳树树洞，洞里好像有什么东西。掏出一看，原来是片衣襟，上面题了一首血诗：

割肉奉君尽丹心，但愿主公常清明。
柳下做鬼终不见，强似伴君作谏臣。
倘若主公心有我，忆我之时常自省。
臣在九泉心无愧，勤政清明复清明。

晋文公将血书藏入袖中。然后把介子推和他的母亲安葬在那棵烧焦的大柳树下。为了纪念介子推，晋文公下令把绵山改为"介山"，在山上建立祠堂，并把放火烧山的这一天定为寒食节，晓谕全国，每年这天禁忌烟火，只吃寒食。

晋文公走时，伐了一段烧焦的柳木，到宫中做了双木屐，每天望着它叹道："悲哉足下。""足下"是古人下级对上级或同辈之间相互尊敬的称呼，据说就是来源于此。

第二年，晋文公领着群臣，素服徒步登山祭奠，表示哀悼。行至坟前，只见那棵老柳树死树复活，绿枝千条，随风飘舞。晋文公望着复活的老柳树，像看见了介子推一样。他敬重地走到跟前，珍爱地掐了一下枝，编了一个圈儿戴在头上。祭扫后，晋文公把复活的老柳树赐名为"清明柳"，又把这天定为清明节。

以后，晋文公常把血书带在身边，作为鞭策自己执政的座右铭。他勤政清明，励精图治，把国家治理得很好。晋国的百姓安居乐业，对有功不居、不图富贵的介子推非常怀念，每逢他死的那天，大家禁止烟火来表示纪念。还用面粉和着枣泥，捏成燕子的模样，用杨柳条串起来，插在门上，召唤他的灵魂，这东西叫"之推燕"（介子推亦作介之推）。此后，寒食、清明成了全国百姓的隆重节日。每逢寒食，人们不生火做饭，只吃冷食。在北方，老百姓只吃事先做好的冷食如枣饼、麦糕等；在南方，则多为青团和糯米糖藕。每届清明，人们把柳条编成圈儿戴在头上，把柳条枝插在房前屋后，以示怀念。

扫墓踏青——清明节气的习俗

清明节的习俗是丰富有趣的，除了讲究禁火、扫墓，还有踏青、荡秋千、踢蹴鞠、打马球、插柳等一系列风俗体育活动。相传，这是因为寒食节要寒食禁火，为了防止寒食冷餐伤身，所以大家来参加一些体育活动。清明节，民间忌使针，忌洗衣，大部分地区妇女忌行路。傍晚以前，要在大门前洒一条灰线，据说可以阻止鬼魂进宅。因此，这个节日中既有祭扫新坟生离死别的悲酸泪，又有踏青游玩的欢笑声，是一个富有特色的节日。

扫墓

清明扫墓，谓之对祖先的"思时之敬"。其习俗由来已久。明《帝京景物略》载："三月清明日，男女扫墓，担提尊榼，轿马后挂楮锭，粲粲然满道也。拜者、酹者、哭者、为墓除草添土者，焚楮锭次，以纸钱置坟头。望中无纸钱，则孤坟矣。哭罢，不归也，趋芳树，择园圃，列坐尽醉。"其实，扫墓在秦以前就有了，但不一定是在清明之际，清明扫墓则是秦以后的事，到唐朝才开始盛行。《清通礼》云："岁，寒食及霜降节，拜扫圹茔，届期素服诣墓，具酒馔及芟剪草木之器，周胝封树，剪除荆草，故称扫墓。"并相传至今。

清明祭扫仪式本应亲自到茔地（即墓地）去举行，但由于每家经济条件和其他条件不一样，所以祭扫的方式也就有所区别。"烧包袱"是祭奠祖先的主要形式。所谓"包袱"（亦作"包裹"）是指孝属从阳世寄往"阴间"的邮包。过去，南纸店[①]有卖所谓"包袱皮"，即用白纸糊一大口袋。有两种形式：一种是用木刻版，把周围印上梵文音译的《往生咒》，中间印一莲座牌位，用来写上区号亡人的名讳，既是邮包又是牌位。另一种是素包袱皮，不印任何图案，中间只贴一蓝签，写上亡人名讳即可。亦做主牌用。关于包袱里的冥币，种类很多。

[①] 旧时的南纸店经营书画用的宣纸，日用的高力纸，东昌纸，毛边纸。办喜事、过年用的大红纸，黄表纸。办白事用的纸钱，同时也卖毛笔、墨等。因大部分是南方产的，故称：南纸店。

插柳

据说插柳的风俗,是为了纪念"教民稼穑"的农事祖师神农氏的。有的地方,人们把柳枝插在屋檐下,以预报天气,古谚有"柳条青,雨蒙蒙;柳条干,晴了天"的说法。黄巢起义前密谋时规定,以"清明为期,戴柳为号"。起义失败后,戴柳的习俗渐被淘汰,只有插柳盛行不衰。杨柳有强大的生命力,俗话说:"有心栽花花不发,无心插柳柳成荫。"柳条插土就活,插到哪里,活到哪里,年年插柳,处处成荫。

清明插柳戴柳还有一种说法:原来中国人以清明节、中元节和寒衣节为三大鬼节,是百鬼出没讨索之时。人们为防止鬼的侵扰迫害,而插柳戴柳,柳在人们的心目中有辟邪的功用。受佛教的影响,人们认为柳可以却鬼,而称之为"鬼怖木",神话中的观世音就是以柳枝沾水济度众生。

北魏贾思勰《齐民要术》里说:"取柳枝著户上,百鬼不入家。"清明既是鬼节,正值柳条发芽时节,人们自然纷纷插柳戴柳以辟邪了。

荡秋千

这是中国古代清明节习俗。秋千,意即揪着皮绳而迁移。它的历史很古老,最早叫千秋,后为了避忌讳,改之为秋千。古时的秋千多用树桠枝为架,再拴上彩带做成。后来逐步发展为用两根绳索加上踏板的秋千。荡秋千不仅可以增进健康,还可以培养勇敢精神,至今为人们特别是儿童所喜爱。

蹴鞠

鞠是一种皮球,球皮用皮革做成,球内用毛塞紧。蹴鞠,就是用足去踢球。这是古代清明节时人们喜爱的一种游戏。相传是黄帝发明的,最初目的是用来训练武士。

踏青

又叫春游。古时叫探春、寻春等。四月清明,春回大地,大自然到处呈现一派生机勃勃的景象，正是郊游的大好时光。中国民间长期保持着清明踏青的习惯。

植树

清明前后，春阳照临，春雨潇潇，种植树苗成活率高，成长快。因此，自古以来，中国就有清明植树的习惯。有人还把清明节叫作"植树节"。植树风俗一直流传至今。1979年，人大常委会规定，每年3月12日为中国植树节。这对动员全国各族人民积极开展绿化祖国活动，有着十分重要的意义。

放风筝

放风筝也是清明时节人们所喜爱的活动。每逢清明时节，人们不仅白天放，夜间也放。夜里，在风筝下或拉线上挂上一串串彩色的小灯笼，像闪烁的明星，被称为"神灯"。过去，有的人把风筝放上蓝天后，便剪断牵线，任凭清风把它们送往天涯海角，据说这样能除病消灾，给自己带来好运。

保肝护胃——清明节气的养生

护肝

清明也是一个重要的养生节气。传统的养生理论认为"春与肝相应"，意思是说春季的气候特点与人体肝脏有密切关系。所以，春季的养生保健应以养肝为主。如果肝功能正常，人的气机就会通畅，气血就会和谐，各个脏腑的功能也能维持正常。立春之后，体内肝气随着春日渐深而愈盛，在清明之际达到最旺。常言道"过犹不及"，如果肝气过旺，会对脾胃产生不良影响，妨碍食物正常消化吸收，还可造成情绪失调、气血运行不畅，从而引发各种疾病。

舒缓心情，动中有静

清明节气是高血压的易发期，由于扫墓、祭奠逝去的亲人，人们的情绪波动较大，对于患有高血压和心血管疾病的中老年人来说，极易造成血压升高，旧病复发。因此要保持心情舒畅，尽快减轻和平复异常情绪起伏，保持心情的淡定。日常的健身活动应当选择动作柔和、动中有静的运动，如太极拳、健身操等。避免参加带有竞赛性质的活动，以免情绪激动。

注意"病从口入"

清明前后气温起伏明显，早晚温差大。多变的天气容易使人受凉感冒，发生扁桃体炎、支气管炎、肺炎；此时又是呼吸道传染病，如白喉、猩红热、百日咳、麻疹、水痘、流行性脑膜炎等的多发季节，因而要认真注意天气变化，增减衣服，以及尽量少出入公共场所，尤为注意"病从口入"。

不宜过早换衣

俗话说"二八月乱穿衣"，说的是清明节前后，因为气候变化多端，早晚温差大，应该准备一件可以随便穿脱的外套。早上出门上班时穿一件风衣，注意保暖，中午感到热时，可脱掉，晚上下班回家再穿上，这样就会有效预防感冒。所谓"春捂"也是这个意思，直到清明过后，4月中旬才可换春装。当然，"春捂"的过程也应因人而异，根据自己的身体素质决定衣服增减。

谷 雨

谷雨是二十四节气的第6个，在每年4月19~21日。是日，斗指癸，太阳到达黄经30度。这一节气是播种移苗、种瓜点豆的最佳时节。"清明断雪，谷雨断霜"，谷雨是春季最后一个节气，谷雨节气的到来意味着寒潮天气基本结束，气温回升加快，大大有利于谷类农作物的生长。

谷雨是春季的最后一个节气，这时田中的秧苗初插、作物新种，最需要雨水的滋润，所以说"春雨贵如油"。这时，我国南方大部分地区东部这时雨水较丰，常年4月下旬雨量约30~50毫米，每年第一场大雨一般出现在这段时间，对水稻栽插和玉米、棉花苗期生长有利。但是华南其余地区雨水大多不到30毫米，需要采取灌溉措施，减轻干旱影响。西北高原山地，仍处于干季，降水量一般仅5~20毫米。华南谷雨前后的降雨，常常"随风潜入夜，润物细无声"，这是因为"夜雨"以4月、5月份出现机会最多。"蜀天常夜雨，江槛已朝清"，这种夜雨昼晴天气，对大春作物生长和小春作物收获是颇为适宜的。

谷雨节的天气谚语大部分围绕有雨无雨这个中心，如"谷雨阴沉沉，立夏雨淋淋"、"谷雨下雨，四十五日无干土"等。

谷雨时节的南方地区,"杨花落尽子规啼",柳絮飞落,牡丹吐蕊,樱桃红熟,自然景物告示人们:时至暮春了。这时,南方的气温升高较快,一般4月下旬平均气温,除了华南北部和西部部分地区外,已达20℃~22℃,比中旬增高2℃以上。华南东部常会有一、二天出现30℃以上的高温,使人开始有炎热之感。

雨水生百谷——谷雨节气的由来

《月令七十二候集解》:"三月中,自雨水后,土膏脉动,今又雨其谷于水也。……盖谷以此时播种,自上而下也。"说的是天气温和,雨水明显增多,有利于谷类农作物的生长,正所谓雨水生百谷。

古人将谷雨分三候:一候萍始生;二候鸣鸠拂其羽;三候戴胜降于桑。意为谷雨之后浮萍开始生长;5天后鸠鸟拂翅鸣叫;再过5天戴胜鸟飞落在桑树上。谷物生于土壤,雨水来自天上,天地相遇,便是谷雨。作为春天最后一个节气,谷雨一至,春便散去。

关于谷雨节气的由来,中国民间有两个传说:

其一,源自仓颉造字受赏。

相传在4000多年前,轩辕黄帝急需一位掌管史料的史官。一天,黄帝发现了德才出众的仓颉,任命仓颉做了史官。他以结绳记事,国家大事记得清清楚楚,很受黄帝赏识。后来结绳记事日显落后。一次,仓颉随一个猎人外出狩猎,猎人指着地上留下的各种野兽的踪迹讲述野兽的去向。仓颉深受启发:"一个足印代表一种事物呢!"回家后,仓颉便打点行装外出考访。他爬山涉水,不耻下问,把看到的各种事物都按其特征表示出来。依类象形,始创文字。因他造字有功,感动了天帝,当时天下正遭灾荒,便命天兵天将打开天宫的粮仓,下了一场谷子雨,天下万民得救了。

仓颉死后,人们把他安葬在他的家乡——白水县史官镇(今属陕西省渭南市)北,墓门刻了一副对联:"雨粟当年感天帝,同文永世配桥陵。"人们把祭祀仓颉的日子定为下谷子雨的那天,也就是现在的"谷雨节"。现在的史官镇北仍保存有仓颉庙,每逢谷雨节这天,这一带都举行拜仓颉的庙会。

其二,源自民间英雄谷雨。

传说在唐代高宗年间,有位叫谷雨的年轻人,水性很好,有一次他的家乡曹州发大水,他凭借着这个本领救出了村民,还冒着生命危险救出了一颗牡丹花,并拜托一位花匠师傅好好地栽养。几年后,谷雨的母亲得了重病,谷雨一边要照顾母亲,一边要做事,很是辛苦,这时有位美丽的女子出现在他的家里,并每天都来照看他的母亲,谷雨与这位女子日久生情,就在谷雨想提出与这位姑娘成亲的时候,却得知这位美丽的姑娘是位牡丹仙子,正是几年前他救起来的那颗牡丹。牡丹仙女约定"待到明年四月八,奴到谷门去安家。"后来,牡丹花仙的仇人秃鹰得了重病,逼迫牡丹姐妹为其酿造花蕊丹酒医病。牡丹姐妹不愿取自己身上的血,被秃鹰抓走关押。谷雨历尽艰险,在自己生日那天,终于闯入魔洞战胜秃鹰,救出了众花仙。当大家准备回家时,尚未咽气的秃鹰一支暗剑刺中了谷雨。恼怒的牡丹仙女,拿起谷雨的板斧,将秃鹰砍死,回转身来,抱起谷雨的尸体,泣不成声。谷雨以自己的性命救了这些花朵们的生命。从此,在谷雨死的那一天,天空就会下起雨,所有的牡丹都会开放,以此来纪念谷雨。民间还流传着"谷雨过三天,园里看牡丹"和"芍药打头,牡丹修脚"的说法。

赏牡丹、采新茶——谷雨节气的习俗

谷雨是春季的最后一个节气,民间有很多与谷雨有关的习俗。
赏牡丹花
谷雨前后是牡丹花开的时段,因此牡丹花也被称为谷雨花、富贵花。"谷雨三朝看牡丹"。谷雨时节赏牡丹的习俗已绵延千年。古时习俗,凡有花之处,皆有士女游观,也有在夜间垂幕悬灯,宴饮赏花的,号曰"花会"。清顾禄《清嘉录》曰:"神祠别馆筑商人,谷雨看花局一新。不信相逢无国色,锦棚只护玉楼春。"至今,山东菏泽、河南洛阳、四川彭州都于谷雨时节举行牡丹花会,供人们观赏游乐。
谷雨摘茶
每年清明(4月5日左右)以后至谷雨节气(4月20日左右)采制用细嫩芽尖制成的茶叶称雨前茶。雨前茶虽不及明前茶(清明前采摘的茶)那么细嫩,但由于这时气温高,芽叶生长相对较快,积累的内含物也较丰富,因此雨前茶往往滋味鲜浓而耐泡。明代许次纾在《茶疏》中谈到采茶时节时说:"清明太早,立夏太迟,谷雨前后,其时适中"。这对江浙一带普通的炒青绿茶来说,清明后,谷雨前，确实是最适宜的采制春茶的季节。如果说明前茶是茶中的极品，那么雨前茶是茶中的上品。特别是谷雨这天采的茶，传说中有清火、辟邪、明目的功效。所以谷雨节气这天，南方茶区的习俗是不管天气如何，人们都会去茶山摘一些新茶回来喝。

吃香椿

谷雨前后是香椿树萌发嫩芽的时节，这时的香椿醇香爽口营养价值高，有"雨前香椿嫩如丝"之说。香椿具有提高机体免疫力、健胃、理气、止泻、润肤、抗菌、消炎、杀虫之功效，所以北方有谷雨节气吃香椿的习俗。香椿拌豆腐，香椿炒鸡蛋，甚至只是简单地开水焯过，加盐调味，吃起来也是醇厚美味。

走谷雨

古时有"走谷雨"的风俗，谷雨这天青年妇女走村串亲，或者户外田野中走动一圈就回来。

祭海

谷雨时节正是春海水暖之时，鱼群游至浅海区域，是下海捕鱼的好日子。俗话说"骑着谷雨上网场"。为了能够出海平安、满载而归，谷雨这天渔民要举行海祭，祈祷海神保佑。因此，谷雨节也叫作渔民出海捕鱼的"壮行节"。这一习俗在今天胶东荣成一带仍然流行。

禁杀五毒

谷雨以后气温升高，病虫害进入高繁衍期，为了减轻病虫害对作物及人的伤害，农家一边进田灭虫，一边张贴"禁蝎咒"，进行驱凶纳吉的祈祷。这一习俗在山东、山西、陕西一带十分流行。

"禁蝎咒"又叫谷雨贴，属于民间绘画的一种，上面刻绘神鸡捉蝎、天师除五毒形象或道教神符，有的还附有诸如"太上老君如律令，谷雨三月中，蛇蝎永不生"、"谷雨三月中，老君下天空，手迟七星剑，单斩蝎子精"等文字说明，寄托人们查杀害虫、盼望丰收、安宁的心理。

健脾除湿——谷雨节气的养生

谷雨是春季的最后一个节气,这个节气之后,降雨量逐渐增多,空气湿度增大。所以谷雨时节的养生要非常重视。

从中医养生的角度来说,潮湿的环境会对人体产生一些不适的影响。所以,谷雨时节养生最适宜健脾除湿。

此外,谷雨节气过后,气温逐渐升高,雨量开始增多,人们普遍容易出现胃口不佳、身体困重不爽、关节肌肉酸重等情况,这个时节也是各类关节疾病的诱发期。中医专家提醒:谷雨节气以后是神经痛的发病期,如坐骨神经痛、三叉神经痛等,有这种病症的人要注意保养,一旦发病可根据不同的病因,对症治疗。

谷雨时节养生最重要的是健脾祛湿,在日常生活中,可以多选择食用祛湿效果良好的食物,这类食物包括赤豆、薏仁、山药、冬瓜、藕、海带、竹笋、鲫鱼和豆芽等。

此外,要坚持加强体育锻炼,增加身体的新陈代谢,增加出汗量,运用物理方法排除体内的湿热之气,以与外界达到平衡。

夏天的 6 个节气

Summer

立 夏

立夏是二十四节气中的第 7 个,时间在每年的 5 月 5 日或 5 月 6 日,是日,斗指东南维,太阳黄经为 45 度。在天文学上,立夏表示即将告别春天,是夏天的开始。

人们习惯上都把立夏当作是温度明显升高,炎暑将临,雷雨增多,农作物进入旺季生长的一个重要节气。实际上,若按气候学的标准,日平均气温稳定升达 22℃ 以上为夏季开始。实际上,"立夏"前后,我国只有福州到南岭一线以南地区真正进入了"浓阴夏日长,楼台倒影如池塘"的夏季,而东北和西北的部分地区这时则刚刚进入春季,全国大部分地区平均气温在 18~20℃ 上下,正是"百般红紫斗芳菲"的仲春和暮春季节。立夏时节,万物繁茂,"孟夏之日,天地始交,万物并秀。"① 这时夏收作物进入生长后期,冬小麦扬花灌浆,油菜接近成熟,夏收作物年景基本定局,故农谚有"立夏看夏"之说。水稻栽插以及其他春播作物的管理也进入了大忙季节。所以,我国历来很重视立夏节气。在立夏的这一天,古代帝王要率文武百官到

---

① 明《莲生八戏》。

京城南郊去迎夏，举行迎夏仪式。君臣一律穿朱红色礼服，配朱红色玉佩，连马匹、车旗都要朱红色的，以表达对丰收的祈求和美好的愿望。

立夏以后，江南正式进入雨季，雨量和雨日均明显增多；华北、西北等地气温回升很快，但降水仍然不多，加上春季多风，蒸发强烈，大气干燥和土壤干旱。

万物竞秀——立夏节气的由来

立夏这个节气，早在战国末年（公元前239年）就已经确立了，它预示着季节的转换，为古时按农历划分四季之夏季开始的日子。如《逸周书·时讯解》云："立夏之日，蝼蝈鸣。又五日，蚯蚓出。又五日，王瓜生①。"即是说这一节气中首先可听到蝼蝈在田间的鸣叫声（一说是蛙声），接着大地上便可看到蚯蚓掘土，然后王瓜的蔓藤开始快速攀爬生长，描述的就是孟夏之初的物候景象。《月令七十二候集解》中说："立，建始也，夏，假也，物至此时皆假大也。"这里的"假"，即"大"的意思，是说春天播种的植物已经直立长大了。这时夏收作物进入生长后期，北方的冬小麦扬花灌浆，南方的油菜接近成熟，夏收作物年景基本定局，故农谚有"立夏看夏"之说。

称人、斗蛋——立夏节气的风俗

吃立夏饭，斗立夏蛋

旧时，乡间用赤豆、黄豆、黑豆、青豆、绿豆等五色豆拌合白粳米煮成"五色饭"，后演变改为倭豆肉煮糯米饭，菜有苋菜黄鱼羹，称"立夏饭"。用红茶或胡桃壳煮蛋，称"立夏蛋"，相互馈送。用彩线编织蛋套，挂在孩子胸前，或挂在帐子上。民谚称："立夏胸挂蛋，孩子不疰夏。"疰夏是夏日常见的腹涨厌食，乏力消瘦，小孩尤易疰夏。还有以五色丝线为孩子系手绳，称"立夏绳"。

孩子们在这一天一般要玩斗蛋吃蛋游戏。据说第一轮比转蛋，以时间长者为赢；第二轮比撞蛋，以蛋壳坚而不碎者为赢；第三轮比剥蛋，以速度快者为赢；第四轮比吃蛋，看谁吃的又快又多。

称人

古诗云："立夏秤人轻重数，秤悬梁上笑喧闺。"立夏之日的

---

① 王瓜为葫芦科多年生草质藤本植物，块根纺锤形，肥大，国内具有分布。植物的果实、种子、根均可供药用，中药名分别为：王瓜、王瓜子、王瓜根；其中，王瓜具有清热，生津，化瘀，通乳之功效。

"称人"习俗主要流行于我国南方,起源于三国时代:传说刘备死后,诸葛亮把他儿子阿斗交赵子龙送往江东,并拜托其后妈、已回娘家的吴国孙(尚香)夫人抚养。那天正是立夏,孙夫人当着赵子龙面给阿斗称了体重,来年立夏再称一次看增加体重多少,再写信向诸葛亮汇报,由此形成传入民间的风俗。据说这一天称了体重之后,就不怕夏季炎热,不会消瘦,否则会有病灾缠身。吃完立夏饭后,在横梁上挂一杆大秤,大人双手拉住秤钩、两足悬空称体重;孩童坐在箩筐内或四脚朝天的凳子上,吊在秤钩上称体重。夏季过后,若体重增,称"发福",体重减,谓"消肉"。

北方吃新面

我国北方多种植小麦,立夏正是小麦上场时节,因此北方大部分地区立夏时有制作、食用面食的习俗,意在庆祝小麦丰收。立夏的面食主要有夏饼、面饼和春卷三种。夏饼又称麻饼,形状各异,有状元骑马、观音送子、猴子抱桃等;面饼有甜、咸两种,咸面饼的用料有肉丝、韭菜等,蘸蒜泥食用,甜面饼则多加砂糖。春卷,用精制的薄面饼,包着炒熟的豆芽菜、韭菜和肉丝等馅料,封口处用面粉拌蛋清粘住,然后放在热油锅里炸到微黄时捞起食用。

立夏尝新

江浙一带有"立夏尝新"的风俗。苏州地方有"立夏见三新"的谚语。"三新"指新熟的樱桃、青梅和麦子。人们先以这"三新"祭祖,然后人们尝食。同时,苏州立夏还要吃海蛳、面筋、白笋、荠菜、咸鸭蛋、青蚕豆。旧时,各家酒肆在立夏这天对进店的老顾客奉送酒酿、烧酒,不取分文,因此也把立夏叫作"馈节"。无锡民间历来有"立夏尝三鲜"的习俗。三鲜分地三鲜、树三鲜、水三鲜。地三鲜即蚕豆、苋菜、黄瓜(或有元麦、蒜苗为其一);树三鲜即樱桃、枇杷、杏子(或有梅子、香椿头为其一);水三鲜即海蛳、河豚、鲥鱼(或有鲳鱼、黄鱼、银鱼、子鲚鱼为其一)。在常熟,人们立夏尝新,食品更为丰富,有"九荤十八素"的说法。

吃乌米饭

浙江、江苏、湖北、湖南、江西、安徽等地,人们仍然保留着立夏吃乌米饭的古老习俗,乌米饭是一种紫黑色的糯米饭,是采集野生植物乌桕树的叶子煮汤,用此汤将糯米浸泡半天,然后捞出放入木甑①里蒸熟而成。据说,立夏吃乌米饭,不会疰夏,能祛风败毒,乌蚊子不敢叮咬。

据说,这个风俗源于战国时期著名军事家孙膑。相传当年孙膑为同窗庞涓所害,受刖刑,被囚于魏国。为逃离魏国,孙膑假装疯癫,被庞涓关进猪圈。从此,孙膑不吃不喝,整日与猪厮混在一起,一天天消瘦下去。同情孙膑的老狱卒为此忧心忡忡。狱卒的老伴知道了这件事,献计道:"用乌树叶子浸拌糯米,煮成饭后捏成小团子,跟猪粪的颜色、形状差不多,既可瞒过庞涓,又可救孙膑的性命。"老狱卒听后大喜,忙让老伴快做。这天正好是立夏,老狱卒在值班时,就把乌米团子塞给了孙膑。聪明的孙膑不点自明,等庞涓来看他时,就笑嘻嘻地顺手抓起身边的猪粪,噼里啪啦地朝庞涓扔去。庞涓左躲右闪,还是扔了一身猪粪。孙膑拍手笑道:"这猪粪这么好,你不吃,我可要吃了。"说着,他摸起一团团"猪粪"吃起来。庞涓看到孙膑吃猪粪,这才相信他是真疯了,就这样放松了对他的看管。

以后,看重孙膑的齐国田忌,就派人同老狱卒一起设计救出了孙膑。孙膑来到齐国,被拜为军师。最终设计在马陵道,大败魏军,射杀了庞涓。孙膑十分感激那位老狱卒,每到立夏,他就要吃一顿乌树叶糯米团。人们钦佩孙膑的气节才华,也在立夏时做乌米饭吃。立夏吃乌米饭的风俗便形成了。据说,吃乌米饭还能祛风败毒,连蚊虫也不会叮咬了。

---

① 音:镇。

厌祟避蛇

清乾隆年间的《云南通志》载,四月立夏之日,"插皂荚枝、红花于户,以厌祟;围灰墙脚以避蛇"。立夏之日而言避蛇,与十二生肖已属蛇有关联,地支纪月,三月为辰,四月为巳。立夏厌祟,门上插皂荚树枝和红花,含有黑(水)、红(火)既济之意。按照古代五行说,黑为水,红为火。这是希望通过两者相互制约,达到一种平衡。同时,古人不仅日常用皂荚去污,还以皂荚入药,认为它具有杀虫功能。将它当作厌祟之物,也是看中其除秽驱邪之功效。旧时五月有门悬皂荚风俗,皂荚状若刀形,称为"悬刀",相传可以吓跑鬼怪。清光绪年间云南《腾越州志》也说:"立夏日,插皂角枝、红花于户以厌胜,围灰墙脚以避蛇。"清代《浪穹县略志》记云南大理一带风俗:"立夏,插白杨于门,以灰洒房屋周围,名曰'灰城',以避虺毒①。"与其他地区有所不同的是,大理地区规避虺毒的习惯做法是门前插白杨。

养心调神——立夏节气的养生

立夏是夏季的第一个节气。立夏之后,气温明显升高,雷雨天气即将来临。中医认为,人体在此时,是心阳最旺盛的时节,养生重在养心调神。

《黄帝内经》云:"夏三月,此谓蕃秀,天地气交,万物华实。夜卧早起,无厌于日,使志无怒,使华英成秀,使气得泄,若所爱在外,此夏气之应、养生之道也。"对于健康人来说,夏季燥热的天气容易引起人们心烦、燥怒。所以,人们宜保持宁静的心态。中医认为,静则养阴,阴阳协调,才能安养神气。

在饮食上,应以容易消化的食物为主,可以多吃些小枣、莲子、

---

① 指蛇等毒虫。

百合等养心安神的食物。以利肝气调和，气血和畅。禁忌油腻和辛辣刺激性食物。此外，初夏时节，气温变化大，还应多注意保暖，最好能做一些有氧运动，如打太极拳、羽毛球、快步走或慢跑等。

进入夏季，人特别容易出汗，中医认为，汗为心之液。汗出过多容易耗伤心阴、损及心阳，所以夏天是心脏最累的季节。因此，对既往心脏不好的患者在此季节特别容易发病。心律失常、高血压、冠心病的患者应特别注意保护心脏，尤其在初夏气温变化频繁的时期，应避免过度紧张、激动、焦虑、抑郁等情绪波动，保持安静，避免剧烈活动。在饮食上，应适当吃些苦味的食品，如苦瓜、莲子、绿豆等。饮食宜清淡，以低脂、易消化、富含纤维素为主，多吃蔬果、粗粮。平时可多吃鱼、鸡、瘦肉、豆类、芝麻、洋葱、小米、玉米、山楂、枇杷、杨梅、香瓜、桃、木瓜、西红柿等。

立夏节气推荐食材：

1. 苦瓜：苦瓜性寒，脾胃虚寒，腹泻者应禁忌食用。苦瓜中带甘，能刺激人体唾液、胃液分泌，令人食欲大增，同时能清热泻火，解暑除烦。经常食用还可以提高免疫力。

食法：清炒苦瓜或蒜蓉苦瓜

2. 豆芽：中医认为，豆芽具有清热解毒，利尿祛湿，祛痰降火，排毒清肠等功效，是夏季消暑祛湿，解渴除烦的佳品，其中绿豆芽的解暑功效尤为明显，但偏寒凉。体质偏寒，脾胃虚弱者应尽量少吃。

食法：清炒豆芽或青椒炝豆芽

3. 莲子：莲子具有清心醒脾，补脾止泻、养心安神之功效。中老年人或者是脑力劳动者，在夏季可常吃些莲子，可以增强记忆力，提高工作效率，预防老年痴呆的发生。莲子芯的味道虽然比较苦，却有安神养心的功效。还能治疗口舌生疮，帮助睡眠。

小　　满

小满是二十四节气中的第8个,在每年5月21日或22日。是日,斗指甲,太阳到达黄经60度。二十四节气大多可以顾名思义,但是"小满"和"大满"却有些令人费解。其实"小满"有两重含义:

对于北方地区来说,"小满"是指麦类等夏熟作物的饱满程度,因为此时小麦已经乳熟灌浆,籽粒开始饱满。如黄河中下游等地区流传着这样的农谚:"小满不满,麦有一险"。这"一险"就是指小麦在此时刚刚进入乳熟阶段,非常容易遭受干热风的侵害,从而导致小麦灌浆不足、粒籽干瘪而减产。

对于南方地区来说,"小满"则是指降水的盈亏。四川盆地的农谚"小满不满,干断田坎";"小满不满,芒种不管"。这里的"满"是用来形容雨水盈缺的,指出小满时,田里如果蓄不满水,就可能造成田坎干裂,甚至芒种时也无法栽插水稻。因为"立夏小满正栽秧","秧奔小满谷奔秋",小满正是适宜水稻栽插的季节。夏旱严重与否,和水稻栽插面积的多少有直接的关系;而栽插的迟早,又与水稻单产的高低密切相关。

小得盈满——小满节气的由来

《月令七十二候集解》中称:"小满者,物至于此小得盈满。苦菜秀。"从二十四节气诞生于黄河中下游一带这一事实出发,小满应该是源自对我国中原地区农耕经验的总结。其原意就是指到了这一节气小麦开始灌浆乳熟。

我国古代将小满分为三候:"一候苦菜秀;二候靡草死;三候麦秋至。"是说小满节气中,苦菜已经枝叶繁茂;而喜阴的一些枝条细软的草类在强烈的阳光下开始枯死;至小满节气的后期,麦子开始成熟。

在描写小满时节农家生活情状的古诗中,宋代欧阳修的《归田园四时乐春夏二首(其二)》是最著名的一首。诗中写道:

南风原头吹百草,草木丛深茅舍小。
麦穗初齐稚子娇,桑叶正肥蚕食饱。
老翁但喜岁年熟,饷妇安知时节好。
野棠梨密啼晚莺,海石榴红啭山鸟。
田家此乐知者谁?我独知之归不早。
乞身当及强健时,顾我蹉跎已衰老。

意思是说:南风吹拂着原野的各种野草,草木丛深之处可见小小的农舍。近处麦田里正在抽穗的小麦,在微风中摆动着,像小孩子那样娇憨可爱;桑树上的蚕正饱食着肥厚的桑叶。对于农家来说,他们只盼望着能有个丰收年景,并不曾留意这个时节是庄稼生长的关键时期。诗的最后四句诗人以议论的方式发出了历尽沧桑的感慨:我既然看到归隐田园是这么令人神往,然而我自个知道归隐得太晚了,当身体强健之时就应该隐退的,可是看看现在,岁月蹉跎,自己已经衰老了。

祭三车、食苦菜——小满节气的习俗

小满对于农作物生长来说是一个重要的节气,全国各地的不同习俗都反映了对这一节气的重视。

祭三车

在我国历史上有一个习俗叫小满祭三车。所谓"三车"指水车、纺车和油车。传说"车神"为白龙,农家在车水前于车基上置鱼肉、香烛等祭拜之,特殊之处为祭品中有白水一杯,祭时泼入田中,有祝水源丰旺之意。这些旧俗表明了农民对水利排灌的重视。

江南农村还有"小满动三车"的习俗,表现出了江南农村对小满的重视。所谓"三车"即水车、纺车、油车。在江南农谚中,百姓以"满"指雨水的丰沛程度。小满正是江南早稻追肥、中稻插秧的时节,如若田里不蓄满水,就会造成田坎干裂,无法插秧,影响农作物的收成。因此天旱的年份，人们会早考虑，巧安排，以人力或畜力带动水车灌溉水田。过去行走在偏僻的江南古镇水田边，时常会见到水牛蒙住双眼转动水车的木车盘带动龙骨水车提水，或人力双脚交替踏车提水的情景。

江南农村还会举行有演习意味的"抢水"仪式：农户以村圩为单位，多由年长执事者约集各户，确定日期，安排准备。是日黎明，各村群行出动，燃起火把于水车基上，吃麦糕、麦饼、麦团，待执事者以鼓锣为号，观众以击器相和，参赛者踏上小河边上事先装好的水车，数十辆一齐踏动，蔚为壮观，把河水引灌入田。

食苦菜

春风吹，苦菜长，荒滩野地是粮仓。旧时农村，小满前后青黄不接，贫苦农民多以苦菜充饥。据说当年王宝钏为了活命曾在寒窑吃了18年苦苦菜。红军长征途中，曾以苦苦菜充饥，渡过了一个个难关，江西苏区有歌谣唱："苦苦菜，花儿黄，又当野菜又当粮，红军吃了上战场，英勇杀敌打胜仗"。苦苦菜被誉为"红军菜"、"长征菜"。现在人们在小满时节采集苦菜，完全是为了丰富自己的餐桌，调剂饮食。

苦菜是中国人最早食用的野菜之一。《周书》："小满之日苦菜秀"；《诗经》："采苦采苦，首阳之下"。苦苦菜遍布全国，医学上叫它"败酱草"，宁夏人叫它"苦苦菜"，陕西人叫它"苦麻菜"，李时珍称它为"天香草"。

苦苦菜，苦中带涩，涩中带甜，新鲜爽口，清凉嫩香，营养丰富，含有人体所需要的多种维生素、矿物质、胆碱、糖类、核黄素和甘露醇等，具有清热、凉血和解毒的功能。《本草纲目》：（苦苦菜）久服，安心益气，轻身、耐老。医学上多用苦苦菜来治疗热症，古人还用它醒酒。宁夏人喜欢把苦菜烫熟，冷淘凉拌，调以盐、醋、辣油或蒜泥，清凉辣香，吃馒头、米饭，使人食欲大增。也有用黄米汤将苦苦菜腌成黄色，吃起来酸中带甜，脆嫩爽口。有的人还将苦苦菜用开水烫熟,挤出苦汁,用以做汤、做馅、热炒、煮面,各具风味。

健脾除湿——小满节气的养生

小满养生的重点在于健脾利湿、清心祛暑、和胃养阴。

健脾除湿

小满过后,雨水多起来,天气闷热潮湿,中医称之为"湿邪"。人体的脾"喜燥恶湿",受"湿邪"的影响最大,很多南方人一到雨季就会有食欲不振、腹胀、腹泻等消化功能减退的症状,因此小满养生以健脾化湿为主。

饮食调养宜以清爽清淡的素食为主,常吃具有清利湿热作用的食物,如赤小豆、薏仁、绿豆、冬瓜、丝瓜、黄瓜、黄花菜、水芹、荸荠、黑木耳、藕、胡萝卜、西红柿、西瓜、山药、蛇肉、鲫鱼、草鱼、鸭肉等。

忌食辛辣厚味,甘肥滋腻,生湿助湿的食物,如动物脂肪、海腥鱼类及油煎熏烤之物,如生葱、生蒜、生姜、芥末、胡椒、辣椒、茴香、桂皮、韭菜、茄子、蘑菇、海鱼、虾、蟹各种海鲜发物、牛、羊、狗、鹅肉类等。

清心祛暑

进入"小满"后,气温不断升高,人们往往喜爱用冷饮消暑降温,但冷饮过量会导致腹痛、腹泻等病症。此时进食生冷饮食易引起胃肠不适,由于小儿消化系统发育尚未健全,老人脏腑机能逐渐衰退,故小孩及老人应尽量少食生冷,身体虚寒者以及身患重病者更应注意。

夏为暑热,归于五脏属心,适宜清补。而心喜凉,宜食酸,比如可常吃些小麦制品,也可适当进食猪肉、李子、桃子、橄榄、菠萝、芹菜等。中医注重天人合一,阴阳互补,因此人们在夏天应吃寒凉、味酸食物，尽量不吃辛辣温燥之物。不过生冷不宜过度，以免伤及人体内的正气而诱发疾病。饮食安排应注重清心、祛火、解暑。

和胃养阴

进入夏季，天气炎热，人体消耗增大，一方面急需补充营养物质和津液；另一方面因暑、湿气候的影响，易导致脾胃正气不足，胃肠功能紊乱。所以在饮食上应以健脾养胃为原则，以汤、羹、汁等汤水较多、清淡而又能促进食欲、易消化的膳食为主，这样才能达到养生保健的目的。同时，少吃或不吃油腻厚味、油煎的食物，并且每餐进食量不宜过大，应以少量多餐为原则。同时也可在清晨参加体育锻炼，以散步、慢跑、打太极拳等为宜，不宜做过于剧烈的运动，避免大汗淋漓，伤阴也伤阳。

暑热、暑湿是夏季人体常易发生的生理反应，上述三个原则是根据人体在夏季易发生的生理现象或不良症状特点而确定的。在实际运用中还应根据当地当时的气象条件，结合各自体质不同特点及在夏季容易出现的反应，做到灵活应变。

芒 种

芒种是二十四节气中的第9个,时间在每年的6月6日前后。是日,斗指巳,太阳到达黄经75度。芒种,是农作物成熟的意思。意指大麦、小麦等有芒作物种子已经成熟,抢收十分急迫;晚谷、黍、稷等夏播作物也正是播种最忙的季节,故又称"芒种"。春争日,夏争时,"争时"是指这个时节的收种农忙。人们常说"三夏"大忙季节,即指忙于夏收、夏种和春播作物的夏管。

所以,"芒种"也称为"忙种"、"忙着种","芒种"的到来预示着农民开始了忙碌的田间生活。是农民朋友的收割、播种的大忙时节。

芒种节气的后期,长江中下游地区开始进入阴雨连绵的黄梅天。农民对芒种节气的降水很关心,故流传下来有关雨水的气象谚语很多:

"芒种夏至是水节,如若无雨是旱天。"(粤)

"芒种夏至,水浸禾田。"(粤)

"芒种落雨,端午涨水。"(湘)

"芒种夏至常雨,台风迟来;芒种夏至少雨,台风早来。"(闽)

"芒种夏至天,走路要人牵。"(苏、皖、川、鄂、贵,指阴雨天多,行路容易滑倒)

一般来说,在芒种节气后期,从我国的长江流域到日本南部会出现雨期较长的连阴雨天气,因正值梅子成熟,故称梅雨。古代形容梅雨的诗句要属《千家诗》中,赵师秀《约客》一首最为著名:"黄梅时节家家雨,青草池塘处处蛙。有约不来过夜半,闲敲棋子落灯花。"

据有关入梅日期的统计显示:武汉一般是在6月16日、安徽安庆6月15日、南京和上海是6月17日。在湖南、江西、浙江大部,梅雨一般比长江流域来得早几天。但梅雨期降水日数很少的年份也出现过,气象学上把这段时期没有连续性降水的情况称为"空梅"。梅雨之后是长江中下游的伏旱期,如果空梅,这一地区将有可能出现严重的夏旱。

芒种期间,华南汛期虽说处在晚期,依然会有大暴雨。正常情况,一般先进入梅雨期的是湖南、江西中部、浙江南部地区,入梅后如同华南一样,该地区的主汛期开始,时有暴雨发生。历史上1954年、1991年和1998年,梅雨期间的暴雨都引发了全流域性的特大洪水。其中,1998年因洪水死亡4150人,损失人民币2550亿元。

另外,西南地区从6月份也开始进入了一年中的多雨季节。此时,西南西部的高原地区冰雹天气开始增多。

在此期间,除了青藏高原和黑龙江最北部的一些地区,还没有真正进入夏季以外,大部分地区的人们,一般来说都能够体验到夏天的炎热。无论是南方还是北方,都有出现35℃以上高温天气的可能,黄淮地区、西北地区东部可能出现40℃以上的高温天气,但一般不具有持续性。华南的台湾、海南、福建、两广等地,6月的平均气温都在28℃左右,但如果是在雷雨之前,空气湿度大,人体感觉确实是又闷又热。

三夏大忙——芒种节气的由来

《月令七十二候集解》:"芒种,五月节,谓有芒之种谷可稼种矣"。芒种,既是小麦、大麦等有芒农作物的收割时节,又是晚谷、黍、稷等夏播作物的播种时节。所以芒种是表征麦类等有芒作物的成熟,反映农业物候现象的节气。时至芒种,一派农忙景象,所谓"春争日,夏争时"、"小满天赶天,芒种刻赶刻"等农谚正是对这一节气的形象描述。

我国古代将芒种分为三候:"一候螳螂生;二候䴗始鸣;三候反舌无声。"在这一节气中,螳螂在上一年深秋产的卵因感受到阴气初生而破壳生出小螳螂;喜阴的伯劳鸟开始在枝头出现,并且感阴而鸣;与此相反,能够学习其他鸟叫的反舌鸟,却因感应到了阴气的出现而停止了鸣叫。

端午祭屈原——芒种节气的习俗

芒种节气里,各地有许多习俗。其中影响范围最广的就是端午节。

端午节

端午节在农历五月初五。每隔两年就有一次端午节出现在芒种期间,端午节是我国民间传统四大节日之一。端午节又称端阳、重午、天中、朱门、五毒日。端午节有喝雄黄酒、吃粽子、吃绿豆糕、煮梅子、赛龙舟的习俗。

相传2300多年前的战国时代,楚秦争夺霸权。楚国诗人屈原位列右大夫,很受楚王器重。当时西方强大的秦国侵略楚国,屈原主张联合齐国对抗秦国。楚怀王虽曾同意屈原的主张,但经不住以上官大夫靳尚为首的守旧派的挑唆,他们不断在楚怀王的面前诋毁屈

原,楚怀王渐渐疏远了屈原。有着远大抱负的屈原倍感痛心,他怀着难以抑制的忧郁悲愤,写出了《离骚》、《天问》等不朽诗篇。

公元前229年,秦国攻占了楚国8座城池,接着又派使臣请楚怀王去秦国议和。屈原看破了秦王的阴谋,冒死进宫陈述利害,楚怀王不但不听,反而将屈原逐出郢都。楚怀王如期赴会,一到秦国就被囚禁起来,楚怀王悔恨交加,忧郁成疾,3年后客死于秦国。楚顷襄王即位不久,秦王又派兵攻打楚国,楚顷襄王仓皇撤离京城,秦兵攻占郢都。屈原在流放途中,接连听到楚怀王客死和郢都城破的噩耗后,万念俱灰,仰天长叹,抱着石头投入了滚滚的汨罗江。江上的渔夫和岸上的百姓听说屈原大夫投江自尽,都纷纷来到江上奋力打捞屈原的尸体,同时拿来了粽子、鸡蛋投入江中。有些郎中还把雄黄酒倒入江中,以求药昏蛟龙水兽,使屈原大夫尸体免遭伤害。

从此,每年农历五月初的屈原投江殉难日,楚国人民都到江上划龙舟，投粽子，以此来纪念伟大的爱国诗人，端午节的风俗就这样流传下来，并逐渐扩散到全国，甚至整个东亚地区。2006年5月20日端午节列入国家文化遗产第一批名录；2009年9月30日入选世界非物质文化遗产名录。

打泥巴仗

此习俗盛行于贵州省黔东南自治州黎平县一带的侗族民间。每年的芒种前后，要分栽秧苗的时刻举行。

原来这里侗族的传统习惯是，姑娘结婚后，一般先不住在夫家，只有农忙和节庆时，才由同伴陪同来到夫家小住几天。芒种时节，当夫家整好秧田，定下分栽秧苗的日子后，就要邀集一些青年前来帮忙，新郎的姐妹去迎接新娘回夫家来共同插秧，而新娘也要邀集一些女伴同来。男女青年汇集一起，既是分插秧苗的劳动，又是社交和娱乐活动的机会。青年们和新婚夫妇一起来到田间插秧，男女之间展开竞赛，你追我赶，十分热闹。当秧田插完后，小伙子故意挑衅，借故往姑娘身上甩泥巴。而姑娘们则予以还击，霎时间双方摆开阵势，以泥巴为武器，互相投掷。如果数人一起将对方抓住，就要将她（他）按倒在水田中翻滚，使其沾一身烂泥，狼狈不堪。新郎的父母不能参与，只在田边观看。身上泥巴最多的，往往是受对方青睐的人。休战后，又一起来到河水溪旁，边清洗边打水仗，度过劳动、打闹的一天。新娘在前一天来时，带有一担五色糯米饭和100个煮熟的红色鸡蛋。插秧后返回娘家时，夫家姐妹要以更多的五色饭和红鸭蛋为她们送行。

安苗

安苗系皖南的农事习俗活动，始于明初。每到芒种时节，种完水稻，为祈求秋天有个好收成，各地都要举行安苗祭祀活动。家家户户用新麦面蒸发包，把面捏成五谷六畜、瓜果蔬菜等形状，然后用蔬菜汁染上颜色，作为祭祀供品，祈求五谷丰登、村民平安。

煮梅

芒种时节还有煮梅子的习俗。在南方，每年农历五、六月是梅子成熟的季节。青梅含有多种天然优质有机酸和丰富的矿物质，具有净血、整肠、降血脂、消除疲劳、美容、调节酸碱平衡、增强人体免疫力等独特营养保健功能。但是，新鲜梅子大多味道酸涩，难以直接入口，需加工后方可食用，这一加工过程便是煮梅。

平心静气——芒种节气的养生

芒种时节，气温逐渐升高，天气转热，"暑易入心"。夏季染病，大都当即发作，故有"六月债，还得快"之说。但有一种病可潜伏到秋季才发作，如延至冬季就更严重了。这就是"心病"。这里说的"心病"，并非是指现代医学上的心血管病，而是指精神方面的有关"神志、情志"的病（古书上所提及的"心"，实际上是相当于今天人们常说的"精神"）。因此，夏季要有意识地进行精神调养，保持神清气和、心情愉快的状态，切忌大悲大喜，恼怒忧郁，以免伤心伤身又伤神。这一时期的健身养生应注意以下几个方面：

日常起居方面

应使自己保持轻松愉快的心情，忌恼怒忧郁，这样可使气机宣畅、通泄自如。起居方面，要顺应昼长夜短的季节特点，晚睡早起，适当地接受阳光照射但要避开太阳直射、注意防暑，以顺应旺盛的阳气，利于气血运行、振奋精神；中午最好能小睡一会儿，时间以30分钟至1个小时为宜，以解除疲劳，利于健康。

天热易出汗，衣服要勤洗勤换，要"汗出不见湿"，因为若"汗出见湿，乃生痤疮"。要经常洗澡，但出汗时不能立刻用冷水冲澡。不要因贪图凉快而迎风或露天睡卧，也不要大汗而光膀吹风。

进入芒种以后，尽管天气已经炎热起来，但由于我国经常受来自北方的冷空气影响，有些地区的气温有时仍很不稳定。比如东北地区在此期间有时还会出现4℃以下的低温，华北地区有时也可出现10℃左右的低温，即使是长江下游地区也曾出现过12℃以下的低温，因此在芒种时节春天御寒的衣服不要过早地收藏起来，必要时还要穿着，以免受凉。

饮食方面

芒种期间的饮食宜以清补为主。从营养学角度看，饮食清淡在养生中起着重要作用，如蔬菜、豆类可为人体提供所必需的糖类、蛋白质、脂肪和矿物质等营养素及大量的维生素，因此芒种期间要多食蔬菜、豆类、水果，如菠萝、苦瓜、西瓜、荔枝、芒果、绿豆、赤豆等。这些食物含有丰富的维生素、蛋白质、脂肪、糖等，可提高机体的抗病能力；还要多吃瓜果蔬菜，以摄取足够的维生素C，这对血管有一定的修补保养作用，可把血管壁内沉积的胆固醇转移到肝脏变成胆汁酸，能在一定程度预防和治疗动脉硬化。

此外，芒种时节天气炎热，雨水增多，湿热之气弥漫，人身之所及、呼吸之所受均不离湿热之气。而湿邪重浊易伤肾气、困肠胃，使人易感到食欲不佳、精神困倦，故学生、司机及高空作业的人，要防止"夏打盹"，以免影响学习或发生危险。

预防措施是：当人体大量出汗后，不要马上喝过量的白开水或糖水，可喝些果汁或糖盐水，以防止血钾过分降低，适当补充钾元素则有利于改善体内钾、钠平衡。钾元素也可以从日常饮食中摄取．含钾较多的食物有：粮食中的荞麦、玉米、红薯、大豆等，水果中的香蕉，蔬菜中的菠菜、苋菜、香菜、油菜、甘蓝、芹菜、大葱、青蒜、莴苣、土豆、山药、鲜豌豆、毛豆等。

夏 至

夏至是二十四节气中的第10个，时间在每年公历6月21日或22日。是日，斗指乙，太阳黄经为90度。这天，太阳直射地面的位置到达一年的最北端，几乎直射北回归线（北纬23°26′28″44）。此时，北半球的白昼时间达到最长，且越往北越长，海南的海口市这天的日长约13小时多一点；杭州市为14小时；北京约15小时；而黑龙江的漠河则可达17小时以上。在北极圈内甚至会出现极昼现象，而南极圈内则出现极夜现象。夏至以后，太阳直射地面的位置逐渐南移，北半球的白昼日渐缩短。民间有"吃过夏至面，一天短一线"的说法。

夏至这天虽然白昼最长，太阳角度最高，但并不是一年中天气最热的时候。因为地表的热量，还在继续积蓄，并没有达到最多。俗话说"热在三伏"，真正的暑热天气是以夏至和立秋为基点计算的。大约在7月中旬到8月中旬，我国各地的气温均为最高，有些地区的最高气温可达40℃左右。

我国民间把夏至后的15天分成3"时"，一般头时3天，中时5天，末时7天。这期间我国大部分地区气温较高，日照充足，作物生长很快，生理和生态需水均较多。此时的降水对农业产量影响很大，有"夏至雨点值千金"之说。一般年份，这时长江中下游地区和黄淮地区降水一般可满足作物生长的要求。《荆楚岁时记》中记有："六月必有三时雨，田家以为甘泽，邑里相贺。"可见在1000多年前古人对夏至时节的降雨特点有明确的认识。

日长之至——夏至节气的由来

夏至是二十四节气中最早被确定的一个节气。公元前7世纪，先人采用土圭测日影，就确定了夏至。据《恪遵宪度抄本》："日北至，日长之至，日影短至，故曰夏至。至者，极也。"《月令七十二候集解》对于夏至的解释是："夏至，五月中。夏，假也，至，极也，万物于此皆假大而至极也。"

夏至，古时又称"夏节"、"夏至节"。周代就已有夏至的祭神仪式，《周礼·春官宗伯第三·司巫神仕》载："以冬日至致天神、人鬼，以夏日至致地示物鬼，以禬国之凶荒、民之札丧。"即，周代冬至那天祭祀天神和人鬼，在夏至那天祭祀地神和百物之神，以免除国家和民众的灾荒、瘟疫。《史记·封禅书》记载："夏至日，祭地，皆用乐舞。"可见中国古代很早就将夏至作为节日。宋朝在夏至之日始，百官放假三天；辽代则"夏至日谓之'朝节'，妇女进彩扇，以粉脂囊相赠遗"[1]；清朝是"夏至日为交时，日头时、二时、末时，谓之'三时'，居人慎起居、禁诅咒、戒剃头，多所忌讳……"[2]。可见，最晚至清代，夏至仍然被视作"国之大典"。民间的百姓们在这一天吃夏至面，有的地方还吃新麦做成饼、馍，谓之"尝新"。

---

[1] 《辽史》。
[2] 《清嘉录》。

《礼记》中也记载了自然界有关夏至节气的明显现象:"夏至到,鹿角解,蝉始鸣,半夏生,木槿荣。"说明这一时节可以开始割鹿角,蝉儿开始鸣叫,半夏、木槿两种植物逐渐繁盛开花。

夏至前后,淮河以南早稻抽穗扬花,田间管理上要足水抽穗,湿润灌浆,干干湿湿,既满足水稻结实对水分的需要,又能透气养根,保证活熟到老,提高籽粒重。俗话说:"夏种不让晌",夏播工作要抓紧扫尾,已播的要加强管理,力争全苗。出苗后应及时间苗定苗,移栽补缺。夏至时节各种农田杂草和庄稼一样生长很快,不仅与作物争水争肥争阳光,而且是多种病菌和害虫的寄主,因此农谚说:"夏至不锄根边草,如同养下毒蛇咬。"抓紧中耕锄地是夏至时节极重要的增产措施之一。棉花一般已经现蕾,营养生长和生殖生长两旺,要注意及时整枝打杈,中耕培土,雨水多的地区要做好田间清沟排水工作,防止涝渍和暴风雨的危害。

西南和西北的高原牧区则开始了草肥畜旺的黄金季节。这时,华南西部雨水量显著增加,使入春以来华南雨量东多西少的分布形势,逐渐转变为西多东少。如有夏旱,一般这时可望解除。近30年来,华南西部阳历6月下旬出现大范围洪涝的次数虽不多,但程度却比较严重。因此,要特别注意做好防洪准备。夏至节气是华南东部全年雨量最多的节气,往后常受副热带高压控制,出现伏旱。为了增强抗旱能力,夺取农业丰收,在这些地区,抢蓄伏前雨水是一项重要措施。

夏至以后地面受热强烈,空气对流旺盛,午后至傍晚常易形成雷阵雨。这种热雷雨骤来疾去,降雨范围小,人们称"夏雨隔田坎"。唐代诗人刘禹锡曾巧妙地借喻这种天气,写出"东边日出西边雨,道是无晴却有晴"的著名诗句。

"不过夏至不热","夏至三庚数头伏"。天文学上规定夏至为北半球夏季开始,但是地表接收的太阳辐射热仍比地面散发的热量多,气温继续升高,故夏至日不是一年中天气最热的时节。大约再过二三十天，才是最热的天气。夏至后进入伏天，北方气温高，光照足，雨水增多，农作物生长旺盛，杂草、害虫迅速滋长漫延，需加强田间管理，农谚说："夏至棉田草，胜如毒蛇咬"、"夏至进入伏天里，耕地赛过水浇园"、"进入夏至六月天，黄金季节要抢先"。

冬至饺子夏至面——夏至节气的习俗

饮食

北方地区："冬至饺子夏至面"

这是古老的汉族风俗，流行于全国大部地区。指夏至节吃凉面（条）的习俗。清·潘荣陛《帝京岁时纪胜》："是日，家家俱食冷淘面，即俗说过水面是也……。"北京有"头伏饺子二伏面，三伏烙饼摊鸡蛋"一说；而山东也有"冬至饺子夏至面"一说。

好吃的北京人在夏至这天讲究吃面。按照老北京的风俗习惯，每年一到夏至节气就可以大啖生菜、凉面了，因为这个时候气候炎热，吃些生冷之物可以降火开胃，又不至于因寒凉而损害健康。

夏至这天，北京各家面馆人气很旺。无论面馆的四川凉面、担担面、红烧肉面还是老北京的炸酱面等，各种面条都很"畅销"。

老北京的最爱当属自制炸酱面，老北京人吃面讲究，愿意吃自家做的手擀面、押面。炸酱必要用北京"六必居"或是"天源"两家酱菜园的黄酱和甜面酱相配，黄酱和甜面酱的比例一般为3：1或是2：1，甜面酱多了容易粘锅。将带皮的五花肉切成大丁，热油锅下入大料（八角）和葱姜炝锅，将切好的肉丁入锅翻炒，加入少许料酒和盐。待肉丁八、九成熟时，下入黄酱和甜面酱，加入开水少许。待锅开，转为小火，不断翻炒，炸至酱变成深棕色便大功告成。面条煮熟后过凉水，调上炸好的酱，拌上黄瓜丝、水萝卜丝、黄豆芽和青蒜末……嘿，那叫一个香！或者，用芝麻酱、花椒油、老陈醋么么一拌，就是麻酱凉面，吃起来也别有风味。也有相当多的老北京爱吃"锅挑儿"——面条不过凉水，据说有"辟恶"之意，吃热面多出汗，以祛除人体内滞留的潮气和暑气。

西北：夏至食粽

西北有些地区有夏至吃粽子的习惯，如陕西。此日食粽，并取菊为灰用来防止小麦受虫害。

南方："嬉夏至"，食腊肉、狗肉

江南绍兴有"嬉，耍嬉夏至日"之俚语。旧时，人不分贫富，夏至皆祭其祖，俗称"做夏至"。除常规供品外，特加一盘蒲丝饼。其时，夏收完毕，新麦上市，也形成了夏至吃面尝新的习俗，谚语说"冬至馄饨夏至面"。也有做麦糊烧者，即以麦粉调糊，摊为薄饼烤熟，亦带尝新之意。

夏至称人

还有些地方，有夏至"称人"以验肥瘦的习俗。是日，农家擀面为薄饼，烤熟，夹以青菜、豆荚、豆腐及腊肉，祭祖后食用或赠送亲友。饭后，孩子们都要过秤，查验一年中身体的成长状况。

有些地区，此日多有成年的外甥和外甥女到娘舅家吃饭，舅家必备苋菜和葫芦做菜，俗话说吃了苋菜，不会发痧，吃了葫芦，腿就有力气。也有的到外婆家吃腌腊肉，说是吃了就不会疰夏。

吃狗肉

一些地方还流传夏至食狗肉的习惯。吃狗肉能强壮身体，史记云"秦人以狗御蛊，俗谓夏至宜食狗肉"。意谓夏天多流行性疾病，夏至适宜食狗肉，以增强抵抗力。故在夏至食狗肉的习俗一直沿袭至今。

忌雨

旧时，有夏至"忌雨"的习俗，这其实是一种对气候的期盼。古时农家把夏至后的半个月分为"头时"（前3天）、"二时"（中间5天）和"末时"（后7天），农民最怕的就是"时中"和"时末"下雨，为此"慎起居、禁诅咒、戒剃头，多所忌讳"（《清嘉录》）。这些习俗，反映了古代农民"靠天吃饭"的无奈处境，因为夏至半个月内打雷下雨，多半具有暴雨特征，对农作物生长弊多利少。

而夏至半月过后，正是烈日炎炎的盛夏时节，作物开始需要水分了，所以农家都盼望老天能及时下雨。至今，我国许多农村还流传着这样的气象谚语："二十分龙二十一雨，石头缝里都是米。"

神清气和——夏至节气的养生

夏至是阳气最旺的时节，这一节气的养生一方面要顺应夏季阳盛于外的特点，注意保护阳气；另一方面，夏至也是所谓"阴阳争死生分"的时节，俗话说"夏至一阴生"，也就是说，尽管天气炎热，可阴气已开始生长。因此夏季养生，必须把握时令以保护阳气。着眼于一个"长"字。

精神方面要心气平和

《素问·四气调神大论》曰:"使志无怒,使华英成秀,使气得泄,若所爱在外,此夏气之应,养长之道也。"就是说,夏季要神清气和,快乐欢畅,心胸宽阔,精神饱满,如万物生长需要阳光那样,对外界事物要有浓厚的兴趣,培养乐观外向的性格,以利于气机的通泄。与此相反,举凡懈怠厌倦,恼怒忧郁,则有碍气机通跳,皆非所宜。嵇康在《养生论》中认为夏季炎热,"更宜调息静心,常如冰雪在心,炎热亦于吾心少减,不可以热为热,更生热矣。"即"心静自然凉",这里所说就是夏季养生法中的精神调养。

起居方面,要早睡早起

要顺应自然界阳盛阴衰的变化,宜晚睡早起。夏季炎热,"暑易伤气"若汗泄太过,令人头昏胸闷,心悸口渴,恶心甚至昏迷。室外工作和体育锻炼时,应避开烈日炽热之时,加强防护。合理安排午休时间,一为避免炎热之势,二可消除疲劳之感。每日温水洗澡也是值得提倡的健身措施,不仅可以洗掉汗水、污垢,使皮肤清洁凉爽消暑防病,而且能起到锻炼身体的目的。因为,温水冲澡时的水压及机械按摩作用,可使神经系统兴奋性降低,体表血管扩张,加快血液循环,改善肌肤和组织的营养,降低肌肉张力,消除疲劳,改善睡眠,增强抵抗力。另外,夏日炎热,腠理开泄,易受风寒湿邪侵袭,睡眠时不宜用电扇,有空调的房间,室内外温差不宜过大,更不宜因贪凉而露宿。

运动调养宜早宜晚

夏季运动最好选择在清晨或傍晚天气较凉爽时进行,场地宜选择在河湖水边,公园庭院等空气新鲜的地方,有条件的可以到森林、海滨地区去疗养、度假。夏至时节不宜做过分剧烈的活动,若运动过激,可导致大汗淋漓,汗泄太多,不但伤阴气,也损阳气。在运动锻炼过程中,出汗过多时,可适当饮用淡盐开水或绿豆盐水汤,切不可饮用大量凉开水,更不能立即用冷水冲头、淋浴,否则会引起寒湿痹证、黄汗等多种疾病。

饮食调养：酸咸适宜

中医有夏时心火当令，心火过旺则克肺金之说（五行的观点），故《金匮要略》有"夏不食心"的说法。根据五行（夏为火）、五成（夏为长）、五脏（属心）、五味（宜苦）的相互关系，味苦之物亦能助心气而制肺气。夏季又是多汗的季节，出汗多，则盐分损失也多，若心肌缺盐，心脏搏动就会出现失常。中医认为此时宜多食酸味，以固表，多食咸味以补心。《素问·藏气法时论》曰：心主夏，"心苦缓，急食酸以收之"，"心欲耎①，急食咸以耎之，用咸补之，甘泻之"。就是说藏气好软，故以咸柔软也。从阴阳学角度看，夏月伏阴在内，饮食不可过寒，如《颐身集》所说："夏季心旺肾衰，虽大热不宜吃冷淘冰雪，蜜水、凉粉、冷粥。饱腹受寒，必起霍乱。"心旺肾衰，即外热内寒之意，因其外热内寒，故冷食不宜多吃，少则犹可，贪多定会寒伤脾胃，令人吐泻。西瓜、绿豆汤、乌梅小豆汤，虽为解渴消暑之佳品，但不宜冰镇食之。按中医学的脏与脏之间的关系讲"肾无心之火则水寒，心无肾之水则火炽。心必得肾水以滋润，肾必得心火以温暖。"从中不难看出心、肾之间的重要关系。

夏季气候炎热，人的消化功能相对较弱，因此饮食宜清淡不宜肥甘厚味，要多食杂粮以寒其体，不可过食热性食物，以免助热；冷食瓜果当适可而止，不可过食，以免损伤脾胃；厚味肥腻之品宜少勿多，以免化热生风，激发疔疮之疾。

---

① 耎（音 ruan），意软弱。"耎，柔弱也。"（《汉书·司马迁传》）

小 暑

小暑是二十四节气中的第11个，在每年7月7日或8日。是日，斗指辛，太阳到达黄经105度。暑，表示炎热的意思。时至小暑，南方地区小暑时平均气温为26℃左右，已是盛夏，颇感炎热，但还未到最热的时候。常年7月中旬，华南低海拔地区，可开始出现日平均气温高于30℃、日最高气温高于35℃的集中时段；而在西北高原北部，此时仍可见霜雪，相当于华南初春时节景象。

小暑前后，华南西部进入暴雨最多季节，常年7、8两月的暴雨日数可占全年的75%以上。但在华南东部，小暑以后因常受副热带高压控制，多连晴高温天气，开始进入伏旱期。我国南方大部分地区这一东旱西涝的气候特点，与农业丰歉关系很大。

热气犹小——小暑节气的由来

古人认为小暑期间，还不是一年中最热的时候，故称为小暑。也有节气歌谣曰："小暑不算热，大暑三伏天。"这指一年中最热的时期已经到来，但还未达到极热的程度。

俗话说："热在三伏"。我国三伏天气一般出现在夏至的 28 天之后，即所谓"夏至三庚数头伏"，夏至后第三个庚日为入伏，其中第一个 10 天为初伏，初伏最早离夏至 20 天，最晚 30 天。小暑节气期间正好赶上入伏，从小暑至立秋这段时间，称为"伏夏"，即"三伏天"（与最冷的"三九天"相对应），是全年气温最高的时候。《月令七十二候集解》："六月节……暑，热也，就热之中分为大小，月初为小，月中为大，今则热气犹小也。"民间也有"小暑接大暑，热得无处躲"、"小暑大暑，上蒸下煮"的说法。

我国古代将小暑分为三候："一候温风至；二候蟋蟀居宇；三候鹰始鸷。"即小暑时节，由于炎热，蟋蟀离开了田野，到庭院的墙角下以避暑热；鹰隼也因地面气温太高而在清凉的高空中活动（一说老鹰带着幼鹰学捕食）。

小暑时节大地上便不再有一丝凉风，而是所有的风中都带着热浪；《诗经·七月》中描述蟋蟀的字句有"七月在野，八月在宇，九月在户，十月蟋蟀入我床下。"文中所说的八月即是农历的六月。

北方地区农村关于伏天农谚有："头伏萝卜二伏菜，三伏还能种荞麦"，意思是夏季进入伏天的时候，在头伏适合种植萝卜；二伏是种植白菜等青菜的最佳时期；即使遭受自然灾害，在三伏种植荞麦也仍然可以补救。

头伏饺子二伏面——小暑节气各地的习俗

北方："头伏饺子，二伏面，三伏烙饼摊鸡蛋"。

头伏吃饺子是北方的传统习俗，伏日人们食欲不振，往往比常日消瘦，是谓"苦夏"，而饺子在传统习俗里正是开胃解馋的食物。另外，头伏吃饺子，寓意"元宝藏福"。汉代东方朔在给《郊祀记》注释时说："伏者，谓阴气将起，迫于残阳而未得开，故为藏伏，因名伏日也。"也就是说，过了夏至，天气一天比一天短，阴气发散，因为太阳余威还没有过去，压制着阴气，所以天气还很炎热。"夏日三庚数头伏"。庚属金，庚日避伏，饺子形似元宝，元宝属金，金宝长伏，"伏"与"福"谐音，因此头伏吃饺子的谐意就是"元宝藏福"。

伏日吃面习俗至少三国时期就已开始了。晋代裴启《语林》中载：何晏"美姿仪而色白，魏明帝疑其著粉。夏月予热汤饼，既啖，大汗出，随以朱衣自拭，色转皎然"。说的是南阳人何晏，才华出众，容貌俊美，而且喜欢修饰打扮，面容细腻洁白，无与伦比。魏明帝疑心他脸上搽了一层厚厚的白粉。一次，大热天之时，魏明帝着人把他找来，赏赐他热汤面吃。不一会儿，他便大汗淋漓，只好用自己穿的衣服擦汗。可他擦完汗后，脸色显得更白了，明帝这才相信他没有搽粉，而是"天姿"白美。这里的"热汤饼"即是现在的热汤面。《荆楚岁时记》说，六月伏日食汤饼，名为辟恶。五月是恶月，六月沾边儿也应"辟恶"。

伏天还可吃过水面、炒面。所谓炒面是用锅将面粉炒干、炒熟，然后用水加糖拌着吃。这种吃法汉代已有。唐宋时更为普遍，不过那时是先炒熟麦粒，然后再磨面食之。唐代医学家苏恭说，炒面可"解烦热，止泄，实大肠"。

三伏在立秋之后，天气开始转凉，此时歇伏①的母鸡们"休整"了二三十天也开始"工作"了，新鲜的鸡蛋正好成为刚刚经过苦夏的人们补充营养的理想食物。因此，末伏里的烙饼摊鸡蛋可谓美味享受，同时也带有送走闷热伏天离去的意思。

山东有的地方吃生黄瓜和煮鸡蛋来度过"苦夏"，入伏的早晨吃鸡蛋，不吃别的食物。徐州人入伏吃羊肉，称为吃"伏羊"。据说这种习俗可上溯到尧舜时期，在民间有"彭城伏羊一碗汤，不用

---

① 每到夏季，鸡舍闷热，蛋鸡食欲减退，有的开始换羽，产蛋率急骤下降。是为"歇伏"。

神医开药方"、"六月六接姑娘,新麦饼羊肉汤",足见徐州人对吃伏羊的喜爱。

另外,山东临沂地区有伏天给牛改善饮食的习俗。伏日煮麦仁汤给牛喝,据说牛喝了身子壮,能干活,不淌汗。当地有"春牛鞭,舐牛汉(公牛),麦仁汤,舐牛饭,舐牛喝了不淌汗,熬到六月再一遍"的民谣。

南方:小暑黄鳝赛人参

南方有小暑吃黄鳝的习俗。俗语:小暑黄鳝赛人参。黄鳝生于水岸泥窟之中,以小暑前后一个月的夏鳝鱼最为滋补味美。夏季往往是慢性支气管炎、支气管哮喘、风湿性关节炎等疾病的缓解期,而黄鳝性温味甘,具有补中益气、补肝脾、除风湿、强筋骨等作用,根据冬病夏治的说法,小暑时节最宜吃的是黄鳝。黄鳝蛋白质含量较高,铁的含量比鲤鱼、黄鱼高 1 倍以上,并含有多种矿物质和维生素。黄鳝还可降低血液中胆固醇的浓度,防治动脉硬化引起的心血管疾病,对食积不消引起的腹泻也有较好的作用。

小暑时节，由南至北各地莲藕相继上市，各地民间都有小暑吃藕的习惯，藕中含有大量的碳水化合物及丰富的钙、磷、铁等和多种维生素，VC、钾和膳食纤维比较多，具有清热、养血、除烦等功效，适合夏天食用。鲜藕以小火煨烂，切片后加适量蜂蜜，可随意食用，有安神入睡之功效，可治血虚失眠。

小暑食新即尝新米。一般是在小暑过后，逢卯日食新。将新割的稻谷碾成米后，做好饭供祀五谷大神和祖先，然后人人一同吃尝新酒。城市一般买少量新米与老米同煮，加上新上市的蔬菜等。

心如止水——小暑节气的养生

民间有"小暑大暑，上蒸下煮"之说。小暑时节正是人体阳气最旺盛之际，出汗多，消耗大，再加之劳累，更应注重养生之道。

精神方面：心静自然凉

以中医所强调的"春夏养阳"的理念，小暑之季气候炎热，人易感心烦不安，疲倦乏力，在自我养护和锻炼时，应按五脏主时，夏季为心所主而顾护心阳，平心静气，确保心脏机能的旺盛。《灵枢·百病始生》曰："喜怒不节则伤脏"。这说明人的情志活动与人体内脏有密切关系。不同的情志刺激可伤及不同的脏腑，产生不同的病理变化。中医养生主张一个"平"字，即在任何情况之下不可有过激之处。小暑时节，炎热的天气容易让人心烦气躁，更要时时提醒自己保持一颗平和的心。心为五脏六腑之大主，一切生命活动都是五脏功能的集中表现，而这一切又以心为主宰，所以中医有"心动则五脏六腑皆摇"之说，心神受损又必涉及其他脏腑。故夏季养生应注重平和情绪，保持心情舒畅、气血和缓。正是"何以消烦暑，端坐一院中。眼前无长物，窗下有清风。散热由心静，凉生为室空。此时身自保,难更与人同。"①

饮食方面:清凉消暑

中医强调"春夏养阳",故而小暑时节在饮食上应多吃清凉消暑的食品。俗话说"头伏饺子二伏面,三伏烙饼摊鸡蛋",这种吃法便是为使身体多出汗,排出体内各种毒素。天气热的时候要喝粥,多吃有清热解毒功效的炒绿豆芽。素炒豆皮有补虚止汗功效;南瓜绿豆汤也有清暑解毒、生津益气之功。蔬菜应多食绿叶菜及苦瓜、丝瓜、南瓜、黄瓜等;水果则以西瓜为好,但不要食用过量,以免增加肠胃负担,严重者会造成腹泻。

夏季又是消化道疾病多发季节,饮食不洁是引起多种胃肠道疾病的元凶,如痢疾、寄生虫等疾病;若进食腐败变质的有毒食物,还可导致食物中毒,引起腹痛、吐泻等。因此,夏季,要注意防范肠道疾病,避免伤及肠胃。

---

① 《消暑》唐,白居易。

大暑

大暑,是二十四节气中的第12个,在每年的阳历7月22~24日。是日,斗指丙,太阳到达黄经120度。大暑表示天气酷热,最炎热时期到来。这时气温最高,雷阵雨较多,在中国很多地区,经常会出现40度的高温天气。民间有饮伏茶,晒伏姜,烧伏香等习俗。

清风无处寻——大暑节气的由来

《月令七十二候集解》中说:"暑,热也,就热之中分为大小,月初为小,月中为大,今则热气犹大也。"《历书》中也指出了大暑的气候特征:"斗指丙为大暑,斯时天气甚烈于小暑,故名曰大暑。"即大暑节气天热甚于小暑,故名大暑。按我国阴历:夏至后第三个庚日开始为头伏(初伏),第四个庚日为中伏(二伏),立秋后第一个庚日为末伏(三伏),每伏10天,共30天。有的年份"中伏"为20天,则共有40天。大暑节气正值"三伏天"里的"中伏"前后,是一年中最热的时期,

中国古代将大暑分为三候:"一候腐草为萤;二候土

润溽暑;三候大雨时行。""一候腐草为萤":世界上萤火虫约有2000多种,分水生与陆生两种,陆生的萤火虫产卵于枯草上,大暑时,萤火虫卵化而出,所以古人认为萤火虫是腐草变成的;"二候土润溽暑":天气开始变得闷热,土地也很潮湿;"三候大雨时行":时常有大的雷雨会出现,这大雨使暑湿减弱,略显清凉之意——天气开始向立秋过渡。

每年的7月底到8月初,是西太平洋副热带暖高压的活跃期,它时常盘踞在我国东部地区,强盛的时候,可西进控制到我国西南地区东部,如四川东部、重庆等地。同一时期,我国内陆许多地区也都受大陆高压控制。由于高压的下沉增温,晴空少云,滚热的地面,烘烤着大气,使气温居高不下。按照气象学的定义,日最高气温高于35℃的炎热日子,气象上称为"炎热日",中暑的人明显增多;日最高气温达37℃以上时,气象上称为"酷热日",中暑的人数会急剧增加。大暑时节的长江中下游地区恰巧在副热带高压控制下——骄阳似火,风小湿度大,闷热难当。长江沿岸的"三大火炉"——南京、武汉和重庆,每年的"炎热日"平均达17~34天之多;"酷热日"也有3~14天。其实,比"三大火炉"更热的地方还很多:江西的贵溪、湖南的衡阳、四川的开县等地,全年平均"炎热日"都在40天以上,整个长江中下游地区就是一个大"火炉"。宋代曾几有"赤日几时过,清风无处寻"的诗句,形容大暑节气的酷热。

一般来说,大暑节气是华南一年中日照最多、气温最高的时期,是华南西部雨水最丰沛、雷暴最常见、30℃以上高温日数最集中的时期,也是华南东部35℃以上高温出现最频繁的时期。大暑也是雷阵雨最多的季节,有谚语说:"东闪无半滴,西闪走不及"意谓在夏天午后,闪电如果出现在东方,雨不会下到这里,若闪电在西方,则雨势很快就会到来,要想躲避都来不及。而"夏雨隔田埂"、"夏雨隔牛背"等谚语,也形象地说明了夏季的雷阵雨,常常是这边下雨那边晴,正如唐代诗人刘禹锡的诗句:"东边晴天西边雨,道是无晴还有晴。"

饮伏茶、晒伏姜——大暑节气的习俗

温州:饮伏茶

伏茶,顾名思义,是三伏天喝的茶。旧时南方很多地方的农村有伏天免费供应伏茶的习俗。时间一般从农历六月初到八月末。这种由金银花、夏枯草、甘草等十多味中草药煮成的茶水,有清凉祛暑的作用。村里人会在村口的凉亭里放些茶水,免费给来往路人喝。如今,这样的凉亭很少见到了,不过在温州,这个几百年前的习俗却被一直保留了下来,而且服务更加周到。每个凉亭里都有专人全天煮茶,保证供应。这种茶在温州有个专门的称呼,叫作"伏茶"。

山西、河南：晒伏姜

晒伏姜的习俗源自中国山西、河南等地。

旧时晒伏姜其实很简单，只是不能错过时间。因为一年之中，能够晒制伏姜的只有大暑节这一天。大暑是一年中最热的时候，太阳毒辣。旧时老人们会在这天从菜地拔出生姜，将嫩芽掰掉，将泥土清洗干净，放在屋顶屋瓦的背垄上，以免被雨水浸泡。生姜就在屋顶上，白天经受酷暑骄阳的炙烤，晚上承受着露水的浸润。伏天过去，从屋顶上捡回来的老姜就是伏姜了。

整整晒了一个伏天的生姜此时已经干瘪了，颜色灰黑，随手一掰，就断裂开来，咬一点，都已经变成粉碎的状态，完全没有了生姜那些坚韧的丝状纤维，却变得异常的辛辣，只一丁点，就能辣的你眼泪都要涌出来。本来就是暖性的生姜，就变成大热的物件。伏姜其实是家居生活的一种必须，可以暖胃、发汗，感冒或腹痛的孩子，一块伏姜吃下去，捂着被子睡一觉，也就好了。

现代人晒伏姜就精细多了。三伏天时人们会把生姜切片或者榨汁后与红糖搅拌在一起，装入容器中蒙上纱布，太阳下晾晒。充分融合后食用，疗效更好。

鲁南地区"喝暑羊"

山东南部地区有在大暑到来这一天"喝暑羊"（即羊肉汤）的习俗。在枣庄市，不少市民大暑这天到当地的羊肉汤馆"喝暑羊"。

枣庄吃伏羊的习惯，与当地的农事、气候有关。枣庄是有名的麦产区。入伏之时，正是麦收结束，新面上市。是一个短暂的农闲期。夏收初过，人已疲惫，该休息休息，该享受享受。于是蒸锅新麦馍馍，杀羊炖汤，全家一起吃新麦馍馍，喝羊肉汤。

营养学家认为，羊肉在伏天吃营养程度最高。三伏天，人体内积热，此时喝羊汤，加上辣椒油、醋、蒜等佐料，必然全身大汗淋漓，带走五脏积热，同时排出体内毒素，极有益健康。

浙江地区送"大暑船"

送"大暑船"是浙江沿海地区,特别是台州好多渔村都有的民间传统习俗,其意义是把"五圣"送出海,送暑保平安民。送"大暑船"时,伴有丰富多彩的民间文艺表演。

送"大暑船"活动在浙江台州沿海已有几百年的历史。"大暑船"是按照旧时的三桅帆船缩小比例后建造,长8米、宽2米、重约1.5吨,船内载各种祭品。活动开始后,50多名渔民轮流抬着"大暑船"在街道上行进,鼓号喧天,鞭炮齐鸣。"大暑船"最终被运送至码头,进行一系列祈福仪式。随后,"大暑船"被渔船拖出渔港,然后在大海上点燃,任其沉浮,以此祝福人们五谷丰登,生活安康。台州椒江人还有大暑节气吃姜汁调蛋的风俗,姜汁能去除体内湿气,姜汁调蛋"补人",也有老年人喜欢吃鸡粥,谓能补阳。

福建吃荔枝"过大暑"

福建莆田人在大暑时节有吃荔枝、羊肉和米糟的习俗,叫作"过大暑"。荔枝含有葡萄糖和多种维生素,富有营养价值,所以吃鲜荔枝可以滋补身体。先将鲜荔枝浸于冷井水之中,大暑时刻一到便取出品尝。这一时刻吃荔枝,最惬意、最滋补。有人甚至说大暑吃荔枝,其营养价值和吃人参一样高。

温汤羊肉是莆田独特的风味小吃和高级菜肴之一。把羊宰后,去毛卸脏,整只放进滚烫的锅里翻烫,捞起放入大陶缸中,再把锅内的滚汤注入,泡浸一定时间后取出上市。吃时,把羊肉切成片片,肉肥脆嫩,味鲜可口。

米糟是将米饭拌和白米曲让它发酵,透熟成糟;到大暑那天,把它划成一块块,加些红糖煮食。说的是可以大补元气。

广东吃"仙草"

广东很多地方在大暑时节有"吃仙草"的习俗。仙草又名凉粉草、仙人草,唇形科仙草属草本植物,是重要的药食两用植物。由于其神奇的消暑功效,被誉为"仙草"。茎叶晒干后可以做成烧仙草,广东一带叫凉粉,是一种消暑的甜品。

烧仙草本身也可入药。民谚曰:"六月大暑吃仙草,活如神仙不会老"。烧仙草也是台湾著名的小吃之一,有冷、热两种吃法。烧仙草的外观和口味均类似粤港澳地区流行的另一种小吃龟苓膏,它也同样具有清热解毒的功效。但这款食品孕妇忌吃。

台湾吃凤梨

大暑期间,我国台湾有吃凤梨的习俗,民间百姓认为这个时节的凤梨最好吃。加上凤梨的闽南语发音和"旺来"相同,所以也被用来作为祈求平安吉祥、生意兴隆的象征。

另外,大暑前后就是农历六月十五日,台湾也叫"半年节",由于农历六月十五日是全年的一半,所以在这一天拜完神明后全家会一起吃"半年圆",半年圆是用糯米磨成粉再和上红面搓成的,大多会煮成甜食来品尝,象征意义是团圆与甜蜜。

冬病夏治——大暑节气的养生

大暑是全年温度最高,阳气最盛的时节,在养生保健中常有"冬病夏治"的说法,对于那些每逢冬季发作的慢性疾病,如慢性支气管炎、肺气肿、支气管哮喘、腹泻、风湿痹证等阳虚证,大暑节气是最佳的治疗时机。有上述慢性病的朋友,在夏季养生中尤其应该细心调养,重点防治。贴伏贴就是一种有效的治疗手段。

此外,在这高温的炎暑,要做好防暑保健,从精神、起居、运动、饮食等方面进行调养。

精神调养

大暑时节,天气酷热,人们易出现心烦意乱,急躁焦虑,无精打采,精神不集中等情形,有人称之为"精神中暑"。因此,要做好精神调养,谨守静心养生的原则,保持心境清静,避免不良刺激,凡事以平常心对待,切莫大喜大怒。要预防"精神中暑"还可以进行适当的自我心理暗示，想象自己处于大自然之中，绿树摇曳，高山流水，使你心旷神怡，心平气和。

起居调养

大暑湿热交蒸，人们易因高温高湿使汗液不易蒸发，或是高温造成汗液渗出过多使人体水分得不到及时补充，而发生中暑。因此，大暑时节，起居调养最重要的一点就是做好防暑工作。避免在高温下长时间工作，出门时避开烈日，同时要适当补充水分，以感身心舒适为宜。体质寒的人应以热饮为主。

大暑时节，虽天气炎热，但阴气也开始增长，人体腠理疏松，脏腑内里空虚，此时若贪凉，或久卧空调房间，或过度饮用生冷、瓜果、甜腻之品等，易造成腹痛、呕吐、腹泻等症状。

运动调养

在炎热的大暑时节，最好选择清晨或傍晚进行锻炼，避免在烈日照射下进行运动。选择运动量相对较小的运动，如广播体操、太极拳、跳绳、慢跑、羽毛球、乒乓球等，避免过于疲劳、出汗过多而耗气伤津，同时在运动过后要适当饮用温开水，补充体液。

饮食调养

大暑时饮食应清淡、多样化，以清为补，宜补气清暑，宜健脾养胃。多食营养丰富的果蔬和蛋白质，并适当食用姜、葱、蒜、醋，既能杀菌防病，又能健脾开胃。可多食绿豆、百合、黄瓜、豆芽、冬菇、紫菜、西瓜、番茄、赤小豆、薏米、南瓜等食物，同时也可配合药膳进行调理。

秋天的 **6** 个节气

Autumn

立 秋

立秋,是二十四节气中的第 13 个节气,在每年 8 月 8 日或 9 日。是日,斗指西南维,太阳到达黄经 135 度。立秋的"立"是开始的意思,"秋"是指庄稼成熟的时期。"立秋"意味着暑去凉来,炎热的夏天即将过去,秋天即将来临。由于我国南北跨度大,各地气候差别大,秋季真正开始时间并不一致。

在气候统计上,因一般以 1 月为最冷月,7 月为最热月,故 3~5 月为春季,6~8 月为夏季,9~11 月为秋季的开始;在日平均气温上,把连续 5 天,每日日平均气温在 ≤22℃~≥10℃时,首日作为秋季开始的日期。我国秋季来临最早的黑龙江和新疆北部地区,8 月中旬入秋;9 月上半月华北开始天高云淡;西南北部、秦淮地区在 9 月中旬方感秋风送爽;10 月初秋风吹至江南;10 月下半月,岭南炎暑顿消;11 月上中旬,秋的信息来到达雷州半岛、海南岛北部;而当秋天的脚步终于到达海南省的"天涯海角"时,已经快到元旦了。

一般立秋后虽然一时暑气难消,"秋老虎"余威尚在,但总的趋势是天气逐渐凉爽。气温的早晚温差逐渐明显,往往是白天很热,而夜晚却比较凉爽。

秋风送爽——立秋节气的由来

据《月令七十二候集解》:"秋,揪也,物于此而揪敛也"。立秋不仅预示着炎热的夏天即将过去,秋天即将来临。"秋"字由禾与火组成,立秋也就意味着禾谷开始成熟;草木开始结果孕子,收获的季节到了。《历书》中说:"斗指西南维为立秋,阴意出地始杀万物,按秋训示,谷熟也。"此时我国中部地区早稻收割,晚稻移栽,大秋作物进入重要生长发育时期。古人把立秋当作夏秋之交的重要时刻,一直很重视这个节气。据记载,宋代在立秋这天,宫内要把栽在盆里的梧桐移入殿内,等到"立秋"时辰一到,太史官便高声奏道:"秋来了。"奏毕,梧桐应声落下一两片叶子,以寓报秋之意。

古代分立秋为三候:

"初候凉风至",立秋后,我国许多地区开始刮偏北风,偏南风逐渐减少。小北风给人们带来了丝丝凉意。

"二候白露降",由于白天日照仍很强烈,夜晚的凉风刮来形成一定的昼夜温差,空气中的水蒸气清晨室外植物上凝结成了一颗颗晶莹的露珠。

"三候寒蝉鸣",这时候的蝉,食物充足,温度适宜,在微风吹动的树枝上得意地鸣叫着,好像告诉人们炎热的夏天过去了。

一候为5天,立秋15天,逐渐变凉是这一节气的气候趋势。

"贴秋膘"——立秋节气的习俗

每年立秋,按照老北京的习俗要吃肉食,即"贴秋膘"。为什么要"贴秋膘"呢?旧时伏天里人们胃口普遍较差,食欲不振,很多人会瘦弱下来,俗话说"夏天过后无病三分虚"。立秋这天民间流行以悬秤称人，将体重与立夏时对比，那时人们对健康的评判，往往只以胖瘦做标准。瘦了当然需要"补"，补的办法就是"贴秋膘"，吃味厚的美食佳肴，当然首选吃肉，以肉贴膘，所以叫"贴秋膘"。

此外，旧时北方京津等地还有在立秋这天吃西瓜的习俗，称为"咬秋"（俗称"咬瓜"）。一来是因为天气转凉，西瓜渐少；二来是因为人们相信立秋时吃瓜可免除冬天和来春的腹泻。清朝张焘的《津门杂记·岁时风俗》中就有这样的记载："立秋之时食瓜，曰咬秋，可免腹泻。"

过去在杭州一带流行食秋桃。立秋时大人孩子都要吃"秋桃"，每人一个，吃完把核留起来。等到除夕这天，把桃核丢进火炉中烧成灰烬，人们认为这样就可以免除一年的瘟疫。

四川一带还流行喝"立秋水"，即在立秋正刻，全家老小各饮一杯水，据说可消除积暑，秋来不闹肚子。

山东莱西地区则流行立秋吃"渣"，就是一种用豆沫和青菜做成的小豆腐，并有"吃了立秋的渣，大人孩子不呕也不拉"的俗语。这么多食俗大都为防痢疾，足见我国劳动人们对秋季腹泻的防范意识。

收阳养阴——立秋节气的养生

《素问·四气调神大论》指出："夫四时阴阳者，万物之根本也，所以圣人春夏养阳，秋冬养阴，以从其根，故与万物沉浮于生长之门，逆其根则伐其本，坏其真矣。"这是古人四时调摄的宗旨。它告诉我们，养生要顺应四时，要知道并顺应春生—夏长—秋收—冬藏的自然规律。整个自然界的变化是循序渐进的，立秋的气候是由热转凉的交接节气，也是人体阳消阴长的过渡时期。因此秋季养生，包括精神情志、饮食起居、运动锻炼均应以养收为原则。也就是说，秋天养生一定要把保养体内的阴气作为首要任务。

精神调养

初秋免不了出现"秋老虎"的炎热天气，北方还好些，昼夜温差已经越来越大，而南方仍旧是气温高、湿度大的"桑拿天"，这种天气最容易令人心情烦躁，应积极防范"情绪中暑"。要做到内心宁静，神志安宁，心情舒畅，保持心平气和，少生闲气。切忌悲忧伤感，即使遇到伤感的事，也应有意识地排解，以避肃杀之气。同时还应收敛神气，以适应秋天容平之气（万物之容，至此平定）。如果人体违逆了秋季收敛之气，就要伤害肺气，到了冬季，就要发生飧泄①的病变，这是因为人在秋季养"收气"不足，到冬季奉养"藏气"力量不够的缘故。

---

① 由于肝郁脾虚，导致的大便泄泻清稀。

起居调养

夏秋之交是最难选择衣物的时候：暑热未尽，虽有凉风时至，但天气变化无常，因而着衣不宜太多，否则会影响机体对气候转冷的适应能力，易受凉感冒。因秋气燥，从五行生旺推算，可知此时肝脏、心脏及脾胃都处于衰弱阶段。所以要注意加强对这些器官的保养。此时人们最容易患"阴暑"的病症。由于此时晚间已有习习的凉风，不像夏天那样总是又热又闷，所以人们往往会尽情享受这立秋后丝丝凉意，结果使身体受凉。有些人在夏季高温时，整晚开着空调睡觉，立秋之后依然故我。事实上，这个季节的昼夜温差大，白天受热晚上又受寒，就会中"阴暑"。中"阴暑"的患者会有发热头痛、无汗恶寒、关节酸痛、腹痛腹泻等症状。此外，冷风太久吹在熟睡者头面部，很容易引发面瘫。初秋晚上睡觉时不要再吹空调、电扇，也不宜对着门窗睡，避免受到冷风侵袭，最好加条毯子或薄被。

有些人稍见天有些变冷，就急忙捂得严严实实的，结果反而"捂"出火来。其实，民间流传的"春捂秋冻"的说法很有道理，适当"秋冻"，更有利于增强自身对寒冷的适应能力。但一定要注意适当保暖，秋天毕竟不同于夏天，气温会呈现逐渐下降的趋势。

立秋之际已是天高气爽之时，应做到早卧早起，早卧以顺应阳气之收敛，早起为使肺气得以舒展，且防收敛之太过。另外，昼短夜长，天气又凉爽，人们往往比较贪睡，睡多了情绪反倒会变得萎靡，起居有常，早睡早起会让人情绪饱满，符合"养收之道"的养生原则。

饮食调养

《素问·脏气法时论》中说："肺主秋……肺收敛，急食酸以收之，用酸补之，辛泻之"。可见酸味收敛肺气，辛味发散泻肺，秋天宜收不宜散，秋时肺金当令，肺金太旺则克肝木，故《金匮要略》又有"秋不食肺"之说，强调秋季燥气当令，易伤津液，故饮食应以滋阴润肺为宜。《饮膳正要》说："秋气燥，宜食麻以润其燥，禁寒饮"。更有主张入秋宜食生地粥，以滋阴润燥者。总之，秋季时节，尽量少吃葱、姜等辛味之品，适当多食酸味果蔬以养肝气，禁冷饮及穿寒湿内衣。可适当食用芝麻、糯米、粳米、蜂蜜、枇杷、菠萝、乳品等柔润食物，以益胃生津。

在中医看来，人们容易在夏天闹肚子的原因除了细菌和病毒，还有阳气外泄，身体自身羸弱的因素，至虚之处必是致病之所。秋风一起，人的气血开始从外面向里面走。到冬天，人的气血都藏到里面了，而外面不足，就容易感冒了。

同时脾也是这个季节最脆弱的脏器，在这个季节最容易发生脾病。初秋时节，仍然是湿热交蒸，以致脾胃内虚，抵抗力下降，这时若能吃些温食，特别是食用粳米或糯米，均有极好的健脾胃、补中气的功能，前人对此颇多赞誉。此季的饮食原则是清淡，少油腻，应"温暖，不大饱，时时进之……其于肥腻当戒"。也就是说，这段时间的饮食要稍热一点，不要太寒凉；但也不要吃得太多，在次数上可稍多一些。

运动调养

进入秋季，气温下降会使新陈代谢和生理机能均受到抑制，内分泌紊乱，造成情绪低落。这时做好心理调节很重要，积极参加健身运动是不错的方法，慢跑、散步都可以让心情开朗起来。立秋后的早晨是锻炼身体的最佳时间，此时不冷不热，气温宜人；天高气爽，使人精神爽快。在秋天"养收"的时候，是开展各种运动锻炼的大好时机，每人可根据自己的具体情况选择不同的锻炼项目，不宜做运动量较大的运动，尤其是老人、小儿和体质虚弱者。

处 暑

处暑是二十四节气中的第14个,在每年8月23日或24日。是日,斗指戊,太阳到达黄经150度。《历书》载:"斗指戊为处暑,暑将退,伏而潜处,故名也。""处"含有躲藏、终止意思,"处暑"表示炎热暑天结束了。

处暑时平均气温一般较立秋降低1.5℃左右,个别年份的8月下旬,华南西部可能出现连续3天以上日平均气温在23℃以下的低温。但是,由于华南处暑时仍基本上受夏季风控制,所以还常有华南西部最高气温高于30℃、华南东部高于35℃的天气出现。特别是长江沿岸低海拔地区,在伏旱延续的年份里,更感到"秋老虎"的余威。著有《清嘉錄》的顾铁卿在形容处暑时讲:"土俗以处暑后,天气犹暄,约再历十八日而始凉;谚云:处暑十八盆,谓沐浴十八日也。"意思是说处暑之后,还要经历大约18天的流汗日。而此时西北高原进入处暑秋意正浓,海拔3500米以上已呈初冬景象,牧草渐萎,霜雪日增。

处暑是华南雨量分布由西多东少向东多西少转换的前期。这时华南中部的雨量常是一年里的次高点,比大暑或白露时为多。高原地区处暑至秋分会出现连续阴雨天气。

一般年景在处暑节气内，华南日照仍然比较充足，除了华南西部以外，雨日不多。可是少数年份也有如杜诗所"三伏适已过，骄阳化为霖"的景况，秋雨会提前到来。

天地始肃——处暑节气的由来

据《月令七十二候集解》载："处，去也，暑气至此而止矣。"意思是炎热的夏天即将过去了。虽然，处暑前后我国北京、太原、西安、成都和贵阳一线以东及以南的广大地区和新疆塔里木盆地地区日平均气温仍在22℃以上，处于夏季，但是这时冷空气南下次数增多，气温下降逐渐明显。

我国古代将处暑分为三候："一候鹰乃祭鸟；二候天地始肃；三候禾乃登。"处暑三候说的是到了处暑节气，老鹰开始大量捕猎其他鸟类；万物开始凋零；五谷成熟的意思。

处暑不同于小暑、大暑和小寒、大寒等表示寒热程度的节气，它是代表气温由炎热向寒冷过渡的节气。到了处暑，气温逐日下降，已不再暑气逼人。气候特点是白天热，早晚凉，昼夜温差大，降水少，空气湿度低。

祭祖、迎秋——处暑节气的习俗

中元节

处暑节气前后的民俗多与祭祖及迎秋有关。农历7月15日，民间会有庆赞中元的民俗活动，俗称"作七月半"或"中元节"、"鬼节"，这是汉族传统民俗。佛教与道教对这个节日的意义各有不同的解释，道教强调孝道；佛教则着重于为那些从阴间放出来的无主孤魂做"普度"。旧时民间从七月初一起，就有开鬼门的仪式，直到月底关鬼门止，都会举行普度布施活动。普度活动由开鬼门开始，然后竖灯篙①,放河灯招致孤魂;而主体则在搭建普度坛,架设孤棚,最后以关鬼门结束。延续至今,已成为祭祖的重大活动时段。

放河灯

河灯也叫"荷花灯",一般是在底座上放灯盏或蜡烛,中元夜放在江河湖海之中,任其漂泛。放河灯是为了普渡水中的落水鬼和其他孤魂野鬼。肖红《呼兰河传》中的一段文字,是这种习俗的最好注脚:"七月十五是个鬼节;死了的冤魂怨鬼,不得托生,缠绵在地狱里非常苦,想托生,又找不着路。这一天若是有个死鬼托着一盏河灯,就得托生。"

出游迎秋

处暑之后,秋意渐浓,正是人们畅游郊野迎秋赏景的好时节。处暑过,暑气止,就连天上的那些云彩也显得疏散而自如,而不像

---

① 所谓灯篙就是一根高几丈的木杆或竹竿,顶端悬挂写着"庆赞中元"的灯笼。竖灯篙于庙侧目的是普度之前招神祇鬼灵前来享用酒菜。

夏天大暑之时浓云成块。民间向来就有"七月八月看巧云"之说，其间就有"出游迎秋"之意。

开渔节

中国很早就有禁渔的规定。夏商时代有"夏三月，川泽不入网罟，以成鱼鳖之长"的规定；周代也有"川泽非时不入网罟，以成鱼鳖之长"的规定。1979年2月中国国务院颁布的《水产资源繁殖保护条例》中规定了禁渔期，农牧渔业部渔政渔港监督管理局、各海区分局和各省（市、自治区）还进一步作了具体规定。如新疆的额尔齐斯河，是我国唯一流入北冰洋的外流河，规定每年从4月1日开始进入为期90天的禁渔期，避开了各种鱼类集中产卵、孵化时期。禁渔期间，这条著名国际河流的中方境内河段水域将禁止一切垂钓、捕捞行为，同时禁止销售、收购在禁渔期间捕捞的水产品。而我国南海从每年的5月16日12时起进入为时两个半月的伏季休渔期，直至8月1日正午12时结束。东海的禁渔期是从每年的6月16日12时起为期3个月。对于东南沿海渔民来说，处暑过后不久恰逢禁渔期结束，进入渔业收获的时节。每年处暑过后，沿海诸省都要在东海休渔结束的那一天，举行一年一度的隆重的开渔节，欢送渔民开船出海。此时海域水温依然偏高，鱼群还是会停留在海域周围，鱼虾贝类发育成熟。因此，从这一时间开始，人们就可以享受到种类繁多的海鲜。

防三"邪"——处暑节气的养生

处暑时节，防三"邪"

处暑时节，受天气等客观因素的影响，人体容易受三"邪"的影响，而所谓的三"邪"则是指暑邪、湿邪和燥邪。尤其是暑邪和湿邪入体，则容易造成暑湿，使人容易困乏，头重脚轻。人体一旦暑湿过重，则会湿性黏滞，长时间发热，不易恢复。而肺喜湿厌燥，虽然此时秋燥虽不明显，但也会容易伤肺。

此外，由于这时节细菌滋生、繁殖较快，会导致肠胃病变和皮肤类疾病。

注意饮食卫生，清淡为主

处暑时节，秋老虎猖狂，天气炎热，这段时间的饮食养生讲究淡补——饮食清淡，用"淡"来养生。此时饮食要注意卫生，因为这个季节仍有暑气，脾胃功能较弱，吃过于辛辣、油腻、甜会加重湿邪，容易造成食积。而且，因为处暑也有"燥"的特点，辛辣等刺激性的饮食会助长肺气，肺气旺则会伤肝，所以处暑时节的饮食应该"少辛多酸"。

淡补，既可以避免肺旺伤肝，又可以避免伤脾，同时又有效规避了处暑季节的"暑邪"和"燥邪"。饮食应主要以清热化湿、健脾化湿、润肺滋阴等为主，如山药、薏米仁；如要去暑湿的话，可以吃些绿豆、红枣等。

处暑也是"热燥"的开始，比夏天的干燥还要明显，因此人们常会感到既热又干燥，可以多吃新鲜果蔬，尤其是梨子和莲藕，还可将丝瓜皮、荷叶等用于熬汤，不过应尽量少吃生冷的瓜果。

保证睡眠，慎用空调

处暑过后，天色转凉，昼夜温差大。"一场秋雨一场凉"的天气特征也格外分明，因此还要注意早晚衣物保暖，应关好门窗，腹部盖薄被，防止秋风流通使脾胃受凉。

此时虽还有"秋老虎"，但比盛夏时凉爽许多，应该减少使用空调的时间。空调温度也不宜调得过低，避免因过度贪凉引发感冒、肠胃炎，以及颈椎、腰椎疾病。

处暑节气正处在由热转凉的交替时期，要调整起居，保证睡眠充足，最好比平时增加1小时睡眠。良好的睡眠，可以消除疲劳，保护大脑，增强免疫力，还能促进儿童发育。

此外，秋季养生不能离开"收养"这一原则，要把保养体内的阴气作为首要任务。运动也应顺应这一原则：运动量不宜过大，宜选择轻松平缓的项目。尤其是老年人、儿童和体质虚弱者，以防出汗过多，阳气耗损。

白　　露

白露是二十四节气中的第15个，在每年的9月8日前后，是9月的头一个节气。是日，斗指癸，太阳黄经为165度。白露节气的到来预示天气逐渐转凉，白昼阳光尚热，然太阳一归山，气温便很快下降。至夜间空气中的水汽便遇冷凝结成细小的水滴，非常密集地附着在花草树木的绿色茎叶或花瓣上，呈白色，尤其是经早晨的太阳光照射，看上去更加晶莹剔透、洁白无瑕，煞是惹人喜爱，因而得"白露"美名。

白露是反映自然界气温变化的节令，白露实际上是天气已经转凉的表征。这时，人们就会明显地感觉到炎热的夏天已过，昼夜温差进一步加大，凉爽的秋天已经到来了。

露凝而白——白露节气的由来

古人在《孝纬经》中指出："处暑后十五日为白露，阴气渐重，露凝而白也。"《月令七十二候集解》对白露作了如下的解释："水土湿气凝而为露，秋属金，金色白，白者露之色，而气始寒也"。

我国古代将白露分为三候："一候鸿雁来；二候玄鸟归；三候群鸟养羞。"说的是这一节气正是鸿雁等候鸟南飞避寒，百鸟开始贮存干果粮食以备过冬。可见白露实际上是天气转凉的象征。一如《礼记》中所云："凉风至，白露降，寒蝉鸣。"

白露正当仲秋季节，气候一如春季，不仅花木依然茂盛，而且有的花的颜色较春天更艳，如木芙蓉、秋海棠、紫茉莉、鸡冠花、雁来红。《诗经·蒹葭》中道："蒹葭苍苍，白露为霜。所谓伊人，在水一方"。这是很美的意境，芦苇、白露、美人、河水，是一幅情景交融的秋色图，给人一种朦胧和梦幻的感觉。此时天高云淡。气爽风凉，可谓是一年之中最可人的时节。

俗话说"白露秋分夜，一夜冷一夜。"这时夏季风逐渐为冬季风所代替，多吹偏北风，冷空气南下逐渐频繁，加上太阳直射地面的位置南移，北半球日照时间变短，强度减弱，夜间常晴朗少云，地面辐射散热快，故温度下降速度也逐渐加快。

"八月雁门开，雁儿脚下带霜来"，白露时节，对气候敏感的候鸟，如黄雀、椋鸟、柳莺、绣眼、沙锥、麦鸡，特别是大雁，便准备向南迁徙。

饮白露茶、酿白露米酒——白露节气的习俗

南京：白露茶

老南京人都十分青睐"白露茶"，此时的茶树经过夏季的酷热，白露前后正是它生长的极好时期。白露茶既不像春茶那样鲜嫩，不耐泡，也不像夏茶那样干涩味苦，而是有一种独特甘醇清香味，深受老茶客喜爱。

江浙一带：白露米酒

苏南籍和浙江籍的老南京中还有自酿白露米酒的习俗，旧时江浙一带乡下人家每年白露一到，家家酿酒，用以待客，常有人把白

露米酒带到城市。白露酒用糯米、高粱等五谷酿成,略带甜味,故称"白露米酒"。

浙江:白露节

浙江温州等地有过白露节的习俗。苍南、平阳等地民间,人们于此日采集"十样白"(也有"三样白"的说法),以煨乌骨白毛鸡(或鸭子),据说食后可滋补身体,去风气(关节炎)。这"十样白"乃是 10 种带"白"字的草药,如白木槿、白毛苦等,以与"白露"字面上相应。

在浙江文成县,民间认为白露吃番薯可使全年吃番薯丝和番薯丝饭后,不会发胃酸,故旧时农家在白露节以吃番薯为习。

福州:白露吃龙眼

福州有白露必吃龙眼的传统。民间认为,在白露这一天吃龙眼有大补身体的奇效,据说在这一天吃一颗龙眼相当于吃一只鸡的功效。听起来感觉夸张,不过人们还是相信这其中有一些道理。因为龙眼本身就有益气补脾，养血安神，润肤美容等多种功效，还可以治疗贫血，失眠，神经衰弱等很多种疾病，而且白露之前的龙眼个个大颗，核小甜味口感好，所以白露吃龙眼是再好不过的了，不管是不是真正大补，吃了就是补，所以福州人也习惯了这一传统习俗。

江苏太湖：祭禹王

白露时节也是太湖人祭禹王的日子。禹王就是传说中的治水英雄大禹，太湖畔的渔民称他为"水路菩萨"。每年正月初八、清明、七月初七和白露时节，这里将举行祭禹王的香会，其中又以清明、白露春秋两祭的规模为最大，历时一周。在祭禹王的同时，还祭土地神、花神、蚕花姑娘、门神、宅神、姜太公等。

养阴护阳——白露节气的养生

白露是典型的秋季气候，此时气温开始下降，天气转凉，阴气逐渐加重。白露节气的养生关键在于养阴护阳。根据阴阳五行规律来说，秋季在五行中属金，其色白，所以白主要是指秋季；露则是指是"阴气渐重，露凝而白"。

精神调养

白露时节，万木萧萧，极目苍凉，月寒霜月。人不免情绪低落。肺对应于五志中的悲，悲从心生致肺气清肃。所以，此时要保持情绪稳定，宁神定志，以免影响肺气。

要保持愉快的心情，多与朋友沟通交流，以免心情抑郁。中医认为笑能宣发肺气，调节人体机能，消除疲劳，恢复体力。笑可以使肺吸入足量的清气，呼出浊气，加速血脉运行，能使心肺的气血调和。常笑还是一种健身运动，能使胸肌伸展，增大肺活量。

起居调养

白露是一个表征天气转凉的节气，虽然白天的气温仍可达 30℃以上，但夜晚仍会较凉，日夜气温差较大，若下雨则气温下降更为明显，因此要注意早晚添加衣被，不能袒胸露背，睡卧不可贪凉，所谓"白露勿露身，早晚要叮咛"正是这个道理。

运动调养

白露后，运动量及运动强度可较夏天适当加大，可选择慢跑、打太极拳、体操、打篮球、羽毛球、乒乓球等，以汗出但不疲倦为度，这样有助于机体内气血调畅。导引养生方面，可采取坐功法：闭气，两手握拳，以拳头沿小腿及脚外侧及内侧分别叩打十余遍，然后，上下齿叩齿 36 遍，此法能开胸膊膈气，去两胁中气，治疗肺脏疾病。

饮食调养

白露时节心脏气微，肺金用事，宜减苦增辛，助筋补血，以养心肝脾胃。饮食上既要注意多吃辛味食物，也不宜进食太饱。因为夏季气血都在体表四肢，内里胃肠空虚，秋季是一个机体气血由外走内的季节。白露时，胃肠气血仍未充实，此时若饮食不注意便要生病，因此不可进食太饱，使肠胃壅塞。

要注意预防秋燥，燥邪伤人，容易耗人津液，而出现口干、唇干、鼻干、咽干及大便干结、皮肤干裂等症状。预防秋燥的方法很多，可适当地多服一些富含维生素的食品，也可选用一些宣肺化痰、滋阴益气的中药，如人参、沙参、西洋参、百合、杏仁、川贝等，对缓解秋燥多有良效。对普通大众来说，简单实用的药膳、食疗似乎更容易接受，多吃辛润食物，如梨、百合、甘蔗、芋头、沙葛、萝卜、银耳、蜜枣等，也可结合药膳进行调理。

在秋季养生中，我们不但要体现饮食的全面调理和有针对性地加强某些营养食物用来预防疾病，还应发挥某些食物的特异性作用，直接用于某些疾病的预防。如用葱白、生姜、豆蔻、香菜可预防治疗感冒；用甜菜汁、樱桃汁可预防麻疹；白萝卜、鲜橄榄煎汁可预防白喉；荔枝可预防口腔炎、胃炎引起的口臭症；红萝卜煮粥可预防头晕等。

秋 分

秋分是二十四节气中的第16个,在每年的9月22日或23日。这一天斗指己,太阳黄经为180度。秋分这一天同春分一样,阳光几乎直射赤道,昼夜几乎相等。从这一天起,阳光直射位置继续由赤道向南半球推移,北半球开始昼短夜长。

阴阳相半——秋分节气的由来

依我国旧历的秋季论,这一天刚好是秋季90天的一半,因而称秋分。但在天文学上规定,北半球的秋天是从秋分开始的。

南方的气候由这一节气起才始入秋。我国古籍《春秋繁露·阴阳出入上下篇》中说:"秋分者,阴阳相半也,故昼夜均而寒暑平。"这里的"分"为"半"和"平分"之意:其一是,太阳在这一天到达黄经180度,直射地球赤道,因此这一天24小时昼夜均分,各12小时,全球无极昼极夜现象。秋分之后,北极附近极夜范围渐大,南极附近极昼范围渐大。其二是,按我国古代以立春、立夏、立秋、立冬为四季开始的季节划分法，秋分日居秋季90天之中，平分了秋季。

《月令七十二候集解》对秋分的描述是："秋分，八月中。雷始收声。"即秋分在农历八月中，从这一天开始，雷雨天气渐少。我国古代将秋分分为三候："一候雷始收声；二候蛰虫坯户；三候水始涸"。古人认为雷是因为阳气盛而发声，秋分后阴气开始旺盛，所以不再打雷了。

按我国农历，"立秋"是秋季的开始，到"霜降"为秋季终止，"秋分"正好是从立秋到霜降90天的一半。秋分时节，我国长江流域及其以北的广大地区，均先后进入了秋季，日平均气温都降到了22℃以下。北方冷气团开始具有一定的势力，大部分地区雨季刚刚结束，凉风习习，碧空万里，风和日丽，秋高气爽，丹桂飘香，蟹肥菊黄。

秋分是美好宜人的时节。也是农业生产上重要的节气，秋分后太阳直射的位置移至南半球，北半球得到的太阳辐射越来越少，而地面散失的热量却较多，气温降低的速度明显加快。农谚说："一场秋雨一场寒"；"白露秋分夜，一夜冷一夜"；"八月雁门开，雁儿脚下带霜来"，东北地区在降温早的年份，秋分见霜已不足为奇。

从秋分这一天起，气候主要呈现三大特点：阳光直射的位置继续由赤道向南半球推移，北半球昼短夜长的现象将越来越明显，白天逐渐变短，黑夜变长（直至冬至日达到黑夜最长，白天最短）；昼夜温差逐渐加大，幅度将高于10℃以上；气温逐日下降，一天比一天冷，逐渐步入深秋季节。南半球的情况则正好相反。

秋分祭月——秋分节气的习俗

秋分祭月

秋分曾是传统的"祭月节"。古有"春祭日，秋祭月"之说。

现在的中秋节是由传统的"祭月节"而来。据考证，最初"祭月节"是定在"秋分"这一天，不过由于这一天在农历八月里的日子每年不同，不一定都有圆月。而祭月节无月是大煞风景的。所以，后来就将"祭月节"由"秋分"调至中秋，即农历八月十五日。

据史书记载，早在周朝，古代帝王就有春分祭日、夏至祭地、秋分祭月、冬至祭天的习俗。其祭祀的场所称为日坛、地坛、月坛、天坛。分设在京城的东南西北四个方向。北京的月坛就是明清皇帝祭月的地方。《礼记》载："天子春朝日，秋夕月。朝日之朝，夕月之夕。"这里的夕月之夕，指的正是夜晚祭祀月亮。这种风俗不仅为宫廷及上层贵族所奉行，随着社会的发展，也逐渐影响到民间。

中秋节

说到秋分祭月，就不能不说中秋节。如前所述，远古时期的祭月活动是定在"秋分"这一天，但由于这一天在农历八月里的日子每年不同，且不一定都有圆月。所以，后来就将祭月由秋分调至农历八月十五日。一年有四季，每季又分孟、仲、季三部分，因为秋中第二月叫仲秋,故祭月的这一天被称为"仲秋节"。农历八月十五,时日恰逢三秋之半,所以又叫作"中秋节"。到魏晋时,已有"谕尚书镇牛淆,中秋夕与左右微服泛江"的记载。直到唐朝初年,中秋节才成为固定的节日。《唐书·太宗记》记载有"八月十五中秋节"。至明清时,中秋节已成为我国的主要节日之一。这也是我国仅次于春节的第二大传统节日。现在,中秋节与春节、端午节、清明节并称为中国汉族的四大传统节日。2006年5月20日,中秋节经国务院批准列入第一批国家级非物质文化遗产名录;2011年起,中秋节被国家确定为法定节假日。

中秋节的习俗各地不一,但基本内容无非两项:赏月和吃月饼。

《礼记》载:"天子春朝日,秋夕月。朝日之朝,夕月之夕。"这里的"夕月之夕",指的就是秋季夜晚祭祀月亮。这种风俗最初为宫廷及上层贵族所奉行,随着社会的发展,逐渐影响到民间。到了周代,每逢中秋夜都要举行祭月仪式。设大香案,摆上月饼、西瓜、苹果、李子、葡萄等时令水果,其中月饼和西瓜是绝对不能少的。西瓜还要切成莲花状。在唐代,中秋赏月、玩月颇为盛行。据《东京梦华录》载宋人:"中秋节前,诸店皆卖新酒,贵家结饰台榭,民家争占酒楼玩月,笙歌远闻千里,嬉戏连坐至晓"。明清以后,中秋节赏月风俗依旧,许多地方形成了烧斗香、树中秋、点塔灯、放天灯、走月亮、舞火龙等特殊风俗。

俗话中的"八月十五月正圆,中秋月饼香又甜"指的是中秋吃月饼。月饼最初是用来祭奉月神的祭品。"月饼"一词,最早见于南宋吴自牧的《梦粱录》中,那时的月饼只是像菱花饼一样的饼形食品。后来人们逐渐把中秋赏月与品尝月饼结合在一起,寓意家人团圆的象征。《西湖游览志余》中说:"八月十五谓中秋,民间以月饼相送,取团圆之意"。《帝京景物略》中也说:"八月十五祭月,其饼必圆,分瓜必牙错,瓣刻如莲花。……其有妇归宁者,是日必返夫家,曰团圆节也"。祭月之后,由家中长者将饼按人数分切成块,每人一块,如有人不在家即为其留下一份,表示合家团圆。

吃秋菜

在岭南地区有个不成节的习俗,叫作"秋分吃秋菜"。"秋菜"是一种野苋菜,乡人称之为"秋碧蒿"。逢秋分那天,全村人都去采摘秋菜。在田野中搜寻时,多见是嫩绿的,细细棵,约有巴掌那样长短。采回的秋菜一般家里与鱼片"滚汤",名曰"秋汤"。有顺口溜道:"秋汤灌脏,洗涤肝肠。阖家老少,平安健康。"一年自秋,人们祈求的还是家宅安宁,身壮力健。

送秋牛

旧时的秋分前后,农村有挨家挨户送秋牛图的。其图是把二开红纸或黄纸印上全年农历节气,还要印上农夫耕田图样,名曰"秋牛图"。送图者都是些民间善言唱者,主要说些秋耕、吉祥和不违农时的话,每到一家更是即景生情,见啥说啥,说到主人乐而给钱为止。言词虽随口而出,却句句有韵动听,俗称"说秋",说秋人便叫"秋官"。

粘雀子嘴

秋分这一天农民都按习俗放假,每家都要吃汤圆,而且还要把不用包心的汤圆十多个或二三十个煮好,用细竹叉扦着置于室外田边地坎,名曰"粘雀子嘴",免得麻雀来破坏庄稼。秋分期间还是孩子们放风筝的好时候。尤其是秋分当天,甚至大人们也参与。风筝类别有王字风筝、鲢鱼风筝、眯蛾风筝、雷公虫风筝、月儿光风筝,其大者有两米高,小的也有二三尺。市场上有卖风筝的,多比较小,适宜于小孩子们玩耍,而大多数还是自己糊的,较大,放时还要相互竞争看哪个的放得高。

竖蛋

在每年的秋分那一天,世界各地都会有数以千万计的人在做"竖蛋"试验。这一被称之为"中国习俗"的玩艺儿,何以成为"世界游戏"目前尚难考证。不过其玩法确简单易行且富有趣味:

选择一个光滑匀称、刚生下四五天的新鲜鸡蛋，轻手轻脚地在桌子上把它竖起来。虽然失败者颇多，但成功者也不少。秋分成了竖蛋游戏的最佳时光，故有"秋分到，蛋儿俏"的说法。竖立起来的蛋儿好不风光。

秋分防秋燥——秋分节气的养生

秋燥伤人

从中医节气看，中秋是气候转换的分界点。中秋之前算早秋，一过中秋，天气明显转凉，早晚温差大，人体新陈代谢渐缓，尤其老人、小孩，抵抗力弱容易感冒、咳嗽。除了上呼吸道毛病外，有些人甚至会皮肤干燥，或腹泻、便秘等肠胃功能失调。造成这些疾病的原因是秋燥，不同于夏天雨水多、湿度高，秋天气候干爽，燥气为主。古书《素问.阴阳应象大论》提到："燥胜则干"，中医学认为秋气与人体的肺脏相通，如果肺气太强，容易口干舌燥、干咳、喉咙痛。肺在五行属金，金克木，木在中医属肝，如果肺气过强容易伤肝木，产生虚火、肝火。身体的血、津液与痰是一体的，会互相转化。当负责藏血的肝功能弱时，身体血液循环不良的地方津液就不足，自然导致皮肤干燥、口渴、失眠、大便干结。

少辛增酸　忌寒凉

秋天要多吃些滋阴润燥的食物，避免燥邪伤害。少摄取辛辣、多增加酸性食物，以加强肝脏功能，因为中医认为肺气太盛可克肝木，故多酸以强肝木。从食物属性解释，少吃辛，以免加重燥气；多吃酸食有助生津止渴，但也不能过量。

有些人爱吃酸梅止渴，其实酸梅属于碱性，吃多了影响肠胃道消化机能，容易发生溃疡，一旦天气更冷，罹患消化性溃疡的几率大增。秋季的脾胃保健，宜多吃些易消化的食物，少吃生菜沙拉等凉性食物。从太阳能量的角度来说，秋天阳气渐收，阴气慢慢增加，不适合吃太多阴寒食物。

秋天是收获的季节，瓜果品种繁多。但老年人、幼儿以及体质弱的人晚秋时分应避免瓜果，俗话说"秋瓜坏肚"，像西瓜、香瓜易损脾胃阳气。不妨适量吃些苹果、柑橘、梨、葡萄和龙眼。

养阴补气

中医师不反对秋天进补，但了解自己是哪种体质是前提，因为"补"的内容各异。有时出现上呼吸道毛病，以为感冒，其实不然。而是有些年纪大的人唾液腺分泌较少，容易眼睛干涩、干咳舌燥，并没有出现红肿痛的发炎现象，中医称为"阴虚"，要适度服用养阴药，以改善体质。如果属于过敏体质，着重"补气"，要偏向温补，忌吃寒凉食物。

市面上常见的养阴药：枸杞、玄参、玉竹、麦冬，可促进唾液腺体的分泌，可润喉，也具有免疫调节的作用。常见的补气药：人参、黄耆、白术、茯苓。不过，在剂量上难以拿捏是否适合自己体质，不论食补或药补，最好找专业中医师问诊。

情绪保守，收敛元气

依照自然界律则，秋天阴气增、阳气减，对应人体的阳气也随着内收，为了贮存体内阳气，要早睡早起。《黄帝内经》记载："秋三月，早卧早起，与鸡俱兴，使志安宁，以缓秋刑，收敛神气，使秋气平，无外其志，使肺气清。"在秋主"收"的原则下，情绪要收敛，凡事不躁进亢奋，也不畏缩郁结。在时令转变中，维持心性平稳，注意身、心、息的调整，才能保生机元气。

适度运动

秋天不算太冷，秋高气爽，空气清新，湿度适宜。不妨多接近自然、多运动，吸收天地精华。尤其伸展动作，可帮助拉身，维持身体灵活度，滋脾补筋，强化循环。

伸展具有"运化作用"，能收敛心神。运指呼吸，"运之始畅"，意思是呼吸一旦舒畅开来,"化之始通",从呼吸带动的循环系统、肠胃消化到内分泌系统,一路顺畅,气血循环自然活络。要注意的是,早晚较冷时,不要在外面运动,尤其老年人,容易受寒,需调整运动方式。

寒露

寒露是二十四节气中的第17个,在每年10月8日或9日。是日,斗指甲,太阳到达黄经195度。此时太阳的直射点在南半球继续南移,由南纬5°57′移至南纬11°32′,北半球阳光照射的角度开始明显倾斜,地面所接收的太阳热量比夏季显著减少。

从字面上看,寒露的"寒"就是寒冷,"露"则表示了近地面层水汽凝结成露水的现象。但从气象角度来看,寒露节气和白露、霜降这两个节气一样,所表示的气温变化的意义比降水变化意义更为明显,它更多地体现了一种气温转变、季节转换的进程。从寒露到它后面的节气霜降虽然只有短短的15天,但却是一年中气温降得比较快的一段时间,若是一场冷空气过后,日平均温度下降8℃、10℃很常见。因此这个时节是我国许多地区气候变化的一个转折点。

在正常年份,寒露后的10℃等温线,已南移到秦岭淮河一线,长城以北则普遍降到0℃以下。北京大部分年份,此时可见初霜。除全年飞雪的青藏高原外,东北和新疆北部地区一般已经开始飘雪了。我国大陆上绝大部分地区雷暴已消失,只有云南、四川和贵州局部地区尚可听到雷声。华北10月份降水量一般只有9月降水量的一半或更少,西北地区则只有几毫米到20多毫米。

鸿雁南飞——寒露节气的由来

《月令七十二候集解》说:"九月节,露气寒冷,将凝结也。"是说寒露时节的气温比白露时更低,地面的露水更冷,快要凝结成霜了。如果说"白露"节气标志着炎热向凉爽的过度,暑气尚不曾完全消尽,早晨可见露珠晶莹闪光。那么"寒露"节气则是天气转凉的象征,标志着天气由凉爽向寒冷过渡,露珠寒光四射,如俗语所说的那样,"寒露寒露,遍地冷露"。

我国古代将寒露分为三候:"一候鸿雁来宾;二候雀入大水为蛤;三候菊有黄华。"说的是此节气中鸿雁排成一字或人字形的队列大举南迁;深秋天寒,雀鸟都不见了,古人看到海边突然出现很多蛤蜊,并且贝壳的条纹及颜色与雀鸟很相似,所以便以为是雀鸟变成的;第三候的"菊始黄华"是说在此时菊花已普遍开放。

重阳登高——寒露节气的习俗

重阳登高

与寒露前后相随的农历九月九日,是我国传统的重阳节,又称"老人节"。因为《易经》中把"六"定为阴数,把"九"定为阳数,九月九日,日月并阳,两九相重,故而叫重阳,也叫重九。重阳节早在战国时期就已经形成,到了唐代,重阳被正式定为民间的节日,此后历朝历代沿袭至今。民间在该日有登高的风俗,所以重阳节又称"登高节"。还有重九节、茱萸、菊花节等说法。由于九月初九"九九"谐音是"久久",有长久之意,所以常在此日举行祭祖与敬老活动。重阳节与除夕、清明节、中元节等三节成为中国传统节日里祭祖的四大节日。

重阳节登高的习俗由来已久，这是由于重阳节在寒露节气前后，宜人的气候十分适合登山。此时，北方已呈深秋景象，白云红叶，偶见早霜，南方也秋意渐浓，蝉噤荷残。北京的八大处、香山公园、鹫峰等都是登高的好地方，吸引了众多的游人。

在秋高气爽、天高云淡的季节，登高远眺，大声高喊，呼出胸中浊气，对于舒缓都市人紧张工作累积的压抑情绪大有好处。

饮菊花酒

寒露与重阳节接近，此时菊花盛开，为除秋燥，某些地区有饮"菊花酒"的习俗，这一习俗与登高一起，渐渐移至重阳节。原产自北京海淀镇的"菊花白"酒就是北京的地方特色酒，最早产于1862年，最初只供给皇宫内廷享用，延至同治皇帝登基，"菊花白"酿制配方始流传至民间。"菊花白"一直采取手工酿制，酒液晶莹无色，菊香、药香、酒香和谐完美，三香合一，清凉甜美，有养肝、明目、健脑、延缓衰老等功效。

吃花糕

九九登高，还要吃花糕，因"高"与"糕"谐音，故应节糕点谓之"重阳花糕"，花糕呈浅黄色，两只糕饼重叠，上面打印"重阳花糕"字样，中间加枣泥馅、金糕丁、青梅、冬瓜条、太平果、核桃仁等，松软不散，香甜滋润。精品重阳花糕为九层，中间夹的各种果料。稻香村的重阳花糕礼盒内装9块花糕，3块一组，分别起名"高寿"、"高升"、"高翔"，寓意健康长寿、事业高升、学业有成。

农事习俗

寒露时天气对秋收十分有利，农谚有：黄烟花生也该收，起捕成鱼采藕芡。大豆收割寒露天，石榴山楂摘下来。"九月寒露天渐寒，整理土地莫消闲"。秋收过后，除播种小麦、采摘棉花、刨红薯外，还有翻地的农活要忙。除麦地、棉花地外，其他农田多闲置下来。此时温度在0℃以上，土地没有冻结，易于使犁翻地，利用冬闲养养地。同时，翻地也可将埋于地下的越冬害虫及虫卵晾到地表上，利用寒露以后温度昼夜温差大、夜间温度低的特点，将害虫及其虫卵冻死，减少来年庄稼的病虫害，正所谓"寒露到立冬，翻地冻死虫"。南方地区，进入寒露才算进入真正的秋季。此时适合种植油菜等耐寒作物；单季晚稻行将成熟，开始收割；双季晚稻则正处于灌浆期，需要间歇性灌水，以保持田间湿润。这一时期作物最怕"寒露风"的到来。江南一带有"人怕老来穷，禾怕寒露风"的说法。其实"寒露风"是寒露节气出现的一种低温、干燥、风劲较强的冷空气，会使水稻灌浆受阻，空粒、黑粒增多，甚至出现"包颈穗"现象，降低结实率，或使稻株生长发育不良，导致水稻减产。人们可于"寒露风"来临前，采用施农家肥强壮株秆，加强田间灌溉，保持田间较高温度等方法，使水稻免受侵害。当然，抗风的灌水深度因时因地而异。若白天无阳光、风大或夜晚,灌水深些;白天有阳光就浅些,或仅保持湿润即可。风过后,须立即排水,避免沤黑禾根、造成株秆变软,降低抗风能力。

养阴防燥——寒露节气的养生

寒露节气后,气候由热转寒,万物随寒气增长,逐渐萧落,这是热冷交替的季节。在自然界中,阴阳之气开始转变,阳气渐退,阴气渐生,我们人体的生理活动也要适应自然界的变化,以确保体内的生理(阴阳)平衡。

"寒露"时节起,雨水渐少,天气干燥,昼热夜凉。中医认为,寒露节气前后气候最大的特点是燥邪当令,而燥邪最容易伤肺伤胃。此时人们的汗液蒸发较快,因而常出现皮肤干燥,皱纹增多,口干咽燥,干咳少痰,甚至会毛发脱落和大便秘结等。自古秋为金秋,肺在五行中属金,故肺气与金秋之气相应,"金秋之时,燥气当令",所以养生的重点是养阴防燥、润肺益胃。同时要避免因剧烈运动、过度劳累等耗散精气津液。在饮食上还应少吃辛辣刺激、香燥、熏烤等类食品,宜多吃些芝麻、核桃、银耳、萝卜、番茄、莲藕、牛奶、百合、沙参等有滋阴润燥、益胃生津作用的食品,同时增加鸡、鸭、牛肉、猪肝、鱼、虾、大枣、山药等以增强体质。室内要保持一定的湿度,注意补充水分,多吃雪梨、香蕉、哈密瓜、苹果、水柿、提子等水果。此外还应重视涂擦护肤霜等以保护皮肤,防止干裂。

祖国医学在四时养生中强调"春夏养阳,秋冬养阴"。因此,秋季时节必须注意保养体内之阳气。当气候变冷时,正是人体阳气收敛,阴精潜藏于内之时,故应以保养阴精为主,也就时说,秋季养生不能离开"养收"这一原则。

精神调养

寒露节气前后的精神调养不容忽视,由于气候渐冷,日照减少,风起叶落,不免使一些人心起凄凉之感,情绪不稳,心情抑郁。因此,保持良好的平和心态,宣泄积郁,乐观豁达是养生保健不可缺少的内容之一。选择秋高气爽的晴朗天气,到郊野登高游玩,于高山之巅大声呼喊,既可锻炼身体,又可舒缓心情。

日常起居

秋季凉爽之时,人们的起居时间也应作相应的调整。每到气候转凉之时,患脑血栓的病人就会增加,这与天气变冷、昼短夜长、人们的睡眠时间增多有关。因为人在睡眠时,血流速度减慢,易于形成血栓。所以,《素问四气调神大论》明确指出:"秋三月,早卧早起,与鸡俱兴。"早卧以顺应阴精的收藏;早起以顺应阳气的舒达,这才能顺应节气,分时调养,确保健康。

谚云:"白露身不露,寒露脚不露。"这句谚语提醒大家:白露节气一过,穿衣服就不能再赤膊露体;寒露节气一过,应注重足部保暖。秋冬季交替时节,合理安排衣食住行,尽量与气候变化相适应,对于身体健康十分重要。

"一场秋雨一场寒",要随着天气转凉逐渐增添衣服,但添衣不要太多、太快。俗话说"春捂秋冻",秋天适度经受些寒冷有利于提高皮肤和鼻黏膜耐寒力,对安度冬季有益。秋天早晚凉意甚浓,要多穿些衣服。另外,秋季腹泻多发,应特别注意腹部保暖。

饮食

寒露时节,应多食用芝麻、糯米、粳米、蜂蜜、乳制品等柔润食物,同时增加鸡、鸭、牛肉、猪肝、鱼、虾、大枣、山药等以增强体质;少食辛辣之品,如辣椒、生姜、葱、蒜类,过食辛辣恐伤人体阴精。有条件可以煮百枣莲子银杏粥经常喝,经常吃些山药和马蹄也是不错的养生办法。

寒露饮食养生应在平衡饮食五味基础上,根据个人的具体情况,适当多食甘、淡滋润的食品,既可补脾胃,又能养肺润肠,可防治咽干口燥等症。水果有梨、柿、荸荠、香蕉等;蔬菜有胡萝卜、冬瓜、藕、银耳等及豆类、菌类、海带、紫菜等。早餐应吃温食,最好喝热药粥,因为粳米、糯米均有极好的健脾胃、补中气的作用,像甘蔗粥、玉竹粥、沙参粥、生地粥、黄精粥等。中老年人和慢性患者应多吃些红枣、莲子、山药、鸭、鱼、肉等食品。

霜　降

霜降是二十四节气中的第18个，在每年阳历10月23日前后。是日斗指巳，太阳到达黄经210度时为二十四节气中的霜降。霜降是秋季的最后一个节气，是秋季到冬季的过渡节气。晚秋气温低，地面上散热多，温度骤然下降到0℃以下。霜是近地面空气中的水汽在地面或植物上凝结形成细微的冰针，有的成为六角形的霜花，色白且结构疏松。霜遍布在草木土石上，俗称"打霜"。经过霜覆盖的蔬菜，吃起来味道特别鲜美。

在我国的文化中，对于霜，是不大有好感的。《淮南子》中说："霜者丧也，阴气所凝，其气惨毒，物皆丧也。"所以古人亦将死去男人的妇女称为遗孀。

"霜降"是一年中重要的农作时期，是大秋作物最后完成收获的季节。长江中下游及以南的地区此时正值冬麦播种的黄金季节。油菜一般已进入二叶期，"霜降一过百草枯，薯类收藏莫迟误"。霜降过后，我国南方大部分地区开始大量收挖红苕。霜降后全国北方广大地区的农田土壤，该种的已经种上了，部分农地将处于冬闲时段。华北地区霜降后，即到了收获大白菜的时候。

"棉是秋后草,就怕霜来早",霜降对于棉花价格来说就是一道分水岭。这是由于霜冻会影响棉花的正常生长和品质,形成"霜后花"或"红花"。由于霜前花的质量比霜后花要好,很多纺纱厂纺的高质量棉纱基本都用霜前花,霜后的棉花的价格要远低于霜前的棉花。棉农都力争把棉花在霜降之前采摘上来卖掉。

　　霜是地面的水汽遇到寒冷天气凝结而成的,对生长中的农作物危害很大。由于气候逐渐转为寒冷,一旦地面或地物的温度降到0℃以下,很容易形成霜冻,给小麦、油菜等处于幼苗期,抗寒能力差的农作物造成冻害。

　　防霜措施有:①适时早种,错开晚秋霜冻;②选用早熟高产品种;③浇水,因为干土比湿土散热快;④熏烟,可在小范围内形成保温云层,减轻冻害;⑤锄地,"锄头有火",可提高地温;⑥施腐殖酸钠或磷肥,使作物提前成熟,试验证明施于山药、玉米、糜谷,可提前成熟5~7天;⑦植树造林,它可调节气温,彻底改变环境。

　　霜降节气的农事管理主要有:长江中下游及以南的地区对于冬麦和油菜应及时间苗定苗,中耕除草,防治蚜虫。晚稻成熟后抓紧收获,以防雀害和落粒。南方适时挖苕很重要。过早收挖红苕,苕块尚未充分膨大,就会影响产量;但收挖过迟,有可能遭受早霜冻危害,苕块受冻变质,不耐贮藏。此时对已收获了大豆、棉花、甘薯等秋作物的北方农田,进行深度耕翻,有利减少还原性有害物质的积累,以保持土壤的健康。同时土壤耕翻要结合全层施用有机肥料,以补充土壤养分,提高土壤肥力。

凝露为霜——霜降节气的由来

　　《月令七十二候集解》关于霜降这样写道:"九月中,气肃而凝,露结为霜矣。"此时,中国黄河流域已出现白霜,千里沃野上,一片银色冰晶熠熠闪光。古籍《二十四节气解》中说:"气肃而霜降,阴始凝也"。可见"霜降"表示天气逐渐变冷,露水凝结成霜。

气象学上,一般把秋季出现的第一次霜叫作"早霜"或"初霜",而把春季出现的最后一次霜称为"晚霜"或"终霜"。从终霜到初霜的间隔时期,就是无霜期。也有把早霜叫"菊花霜"的,因为此时恰好是菊花盛开的时节。

霜是水气凝成的,水气怎样凝成霜呢?南宋诗人吕本中在《南歌子·旅思》中写道:"驿内侵斜月,溪桥度晚霜。"陆游在《霜月》中写有"枯草霜花白,寒窗月新影。"说明寒霜出现于秋天晴朗的月夜。秋晚没有云彩,地面上如同揭了被,散热很多,温度骤然下降到0℃以下,接近地表的水汽就会凝结在溪边、桥间、树叶和泥土上,形成细微的冰针,有的成为六角形的霜花。霜,只能在晴天形成,人说"浓霜猛太阳"就是这个道理。

我国古代将霜降分为三候:一候豺乃祭兽;二候草木黄落;三候蜇虫咸俯。豺狼开始捕获猎物,祭兽,以兽而祭天报本也,方铺而祭秋金之义;大地上的树叶枯黄掉落;蜇虫也全在洞中不动不食,垂下头来进入冬眠状态中。

赏菊、贴秋膘——霜降节气各地的习俗

赏菊

霜降时节正是秋菊盛开的时候,我国很多地方在这时要举行菊花会,赏菊饮酒,以示对菊花的崇敬和爱戴。

吃柿子

在我国的一些地方,霜降时节要吃红柿子,在当地人看来,这样不但可以御寒保暖,同时还能补筋骨,是非常不错的霜降食品。泉州老人对于霜降吃柿子的说法是:霜降吃丁柿,不会流鼻涕。有些地方对于这个习俗的解释是:霜降这天要吃柿子,不然整个冬天嘴唇都会裂开。柿子一般是在霜降前后完全成熟,这时候的柿子皮

薄、肉鲜、味美,营养价值高,其所含维生素和糖分比一般水果高 1~2 倍左右。假如一个人一天吃一个柿子,所摄取的维生素 C 基本上就能满足一天需要量的一半。但应注意,柿子含有大量鞣酸和果胶,不宜空腹食用。此外,柿子性寒,也不要和螃蟹等海鲜一起食用。

护胃防咳——霜降节气的养生

日常起居:注意护胃防咳

按中医理论,霜降期间脾胃功能处于旺盛时期,所以此节气是慢性胃炎和胃、十二指肠溃疡病复发的高峰期。由于寒冷的刺激,人体的植物神经功能发生紊乱,胃肠蠕动的正常规律被扰乱;人体新陈代谢增强,耗热量增多,胃液及各种消化液分泌增多,食欲改善,食量增加,必然会加重胃肠功能负担,影响已有溃疡的修复。

深秋及冬天外出，气温较低，且难免吸入一些冷空气，引起胃肠黏膜血管收缩，致使胃肠黏膜缺血缺氧，营养供应减少，破坏了胃肠黏膜的防御屏障，对溃疡的修复不利，还可导致新溃疡的出现。

防止胃病发生，要特别注意日常起居中的保养，如要保持情绪稳定，防止情绪消极低落；要注意劳逸结合，避免过度劳累；要适当进行体育锻炼，改善胃肠血液供应；要注意添衣防寒保暖；切忌暴食和醉酒。

秋季属于五行中的"金"，对应肺脏。霜降前后是易犯咳嗽的季节，也是慢性支气管炎容易复发或加重的时期。因此，在这个季节应多吃一些具有生津润燥、消食止渴、清热化痰、固肾润肺功效的食物，如梨、苹果、洋葱、萝卜等。

日常饮食：适度进补

这一节气中的民间食俗很有特色。谚语有"补冬不如补霜降"的说法，认为"秋补"比"补冬"更要紧。

《素问·脏气法时论》说："肺主秋……肺收敛，急食酸以收之，用酸补之，辛泻之"。可见酸味收敛肺气，辛味发散泻肺，秋季宜收不宜散。因此，应少吃一些辛辣的食物，如姜、葱、蒜、辣椒等，特别是辛辣火锅、烧烤要少吃，以防"上火"。

中医认为，金秋时节的饮食原则应以滋阴润肺为宜，应"平补"，而大补则容易补"过"了。为防止秋燥，可以适当多食用一些甘寒汁多的食物，如梨、柚子、甘蔗、香蕉、柑橘等各类水果，蔬菜可多食胡萝卜、冬瓜、银耳、莲藕及各种豆类制品等，也可服用白木耳、芝麻、蜂蜜、冰糖等食品以润肺生津，可以防止秋季最容易出现的口干、皮肤粗糙、大便干结等"秋燥"现象。

另外进补讲究因人而异，脾胃虚弱者、老年人或慢性疾病患者进行食补时，以健脾补肝清肺为主，应选用气平味淡、作用和缓的食物，食温热熟的食物，以汤类、粥类最为适宜，既营养滋补，又利于吸收，可增强体质，保持旺盛活力，预防和减少疾病。

冬天的6个节气

Winter

立　　冬

　　"立冬"节气在每年的11月7日或8日，是二十四节气的第19个节气。是日，斗指西北维，太阳位于黄经225度。《月令七十二候集解》："冬者，终也，万物皆收藏也"。我国民间习惯以立冬为冬季的开始。

　　我国幅员广大，除全年无冬的华南沿海和长冬无夏的青藏高原地区外，冬季并不都是于立冬日同时开始的。按气候学划分四季的标准，下半年平均气温降到10℃以下为冬季，"立冬为冬日始"的说法与黄河中下游地区的气候规律基本吻合。最北部的漠河及大兴安岭以北地区，9月上旬就早已进入冬季；北京于11月上旬也已一派冬天的景象。而长江流域的冬季要到"小雪"节气前后才真正开始，立冬期间，即便寒风扫过，气温也会迅速回升，有"十月小阳春，无风暖融融"之说。这里往往12月才会进入冬季。华南南部、台湾以及以南的海南岛等岛屿地区，11月尚未进入冬季。但11月的气温也不是很高，最高气温一般都在30℃以下。当然，不排除受强冷空气的影响，出现强烈降温的情况。

万物收藏——立冬节气的由来

《月令七十二候集解》对立冬节气的描述如下:"立冬,十月节。冬,终也,万物收藏也。水始冰。水面初凝,未至于坚也。地始冻,土气凝寒,未至于拆"。其中,"立,建始也"。意思是说秋季作物全部收晒完毕,收藏入库,动物也已藏起来准备冬眠。看来,立冬不仅仅代表着冬天的来临。完整地说,立冬是表示冬季开始,万物收藏,规避寒冷的意思。

我国古代将立冬分为三候:"一候水始冰;二候地始冻;三候雉入大水为蜃。"此节气水已经能结成冰;土地也开始冻结;三候"雉入大水为蜃"中的雉即指野鸡一类的大鸟,蜃为大蛤,立冬后,野鸡一类的大鸟便不多见了,而海边却可以看到外壳与野鸡的线条及颜色相似的大蛤。所以古人认为雉到立冬后便变成大蛤了。

"立冬"与"立春"、"立夏"和"立秋"合称四立,在农历上表明一个新季节的开始,自古就是个重要的节日。汉魏时期,这天天子要亲率群臣迎接冬气,对为国捐躯的烈士及其家小进行表彰与抚恤,请死者保护生灵,鼓励民众抵御外敌或恶寇的掠夺与侵袭。以后历朝历代每年的立冬这一天,皇帝会率领文武百官到京城的北郊设坛祭祀。而在民间有祭祖、饮宴、卜岁等习俗,以时令佳品向祖灵祭祀,以尽为人子孙的义务和责任,祈求上天赐给来岁的丰年,农民自己亦获得饮酒与休息的酬劳。

立冬补冬——立冬节气的习俗

天子迎冬

古时立冬之日,天子有出郊迎冬之礼,并有赐群臣冬衣、矜恤孤寡之制。后世大体相同。《吕氏春秋·孟冬季第十》载:"是月也,以立冬。先立冬三日,太史谒之天子曰:'某日立冬,盛德在水。'天子乃斋。立冬之日,天子亲率三公九卿大夫,以迎冬于北郊。还,乃赏死事,恤孤寡。"高诱注:"先人有死王事以安边社稷者,赏其子孙;有孤寡者,矜恤之。"晋崔豹《古今注》提到,"汉文帝以立冬日赐宫侍承恩者及百官披袄子。"

民间贺冬

贺冬亦称"拜冬",在汉代即有此俗。东汉崔定《四民月令》:"冬至之日进酒肴,贺谒君师耆老,一如正日。"宋代每逢此日,人们更换新衣,庆贺往来,一如年节。清代"至日为冬至朝,士大夫家拜贺尊长,又交相出谒。细民男女,亦必更鲜衣以相揖,谓之'拜冬'。"① 民国以来,贺冬的传统风俗,已有简化的趋势。但有些活动,逐渐固定化、程式化、更有普遍性。如办冬学、拜师活动,都在冬季举行。

---

① 《清嘉录》卷十一,顾禄。

立冬食补

我国历史上是个传统的农业社会,辛劳了一年的人们,利用立冬这一天要休息一下,顺便犒赏一家人一年来的辛苦,谚语"立冬补冬,补嘴空"说的就是立冬时的饮食。

这一一天,全国各地习俗不同。北方的人们要吃饺子,特别是北京、天津的民众。为什么立冬吃饺子?因为饺子是来源于"交子之时"的说法。大年三十是旧年和新年之交,立冬是秋冬季节之交,故"交"子之时的饺子不能不吃。多少年来人们始终延续着这一古老习俗,立冬之日,各式各样的饺子卖得很火。辽宁本溪的汉八旗、满八旗还会有持续多天的祭祖活动。

在我国南方,立冬人们爱吃些鸡鸭鱼肉。台湾在立冬这一天,街头的"羊肉炉"、"姜母鸭"等冬令进补餐厅高朋满座。"羊肉炉"中,熟地、当归、红枣有补血功效,枸杞子有滋阴作用,党参、黄芪有补气的效果,桂枝能温通经脉,陈皮健脾理气。羊肉温性,有助元阳、补精血的功效。综合起来,羊肉炉可以滋补身体的气血,使全身的血脉畅通。"姜母鸭"是自20世纪80年代后才流行于台湾的冬天进补小吃。店家提供煮熟鸭肉(台湾地区特产红面番鸭)、老姜(闽南语姜母)、米酒、胡麻油、中药药材包,共同熬煮于顾客桌上瓦斯炉或炭火,食后通体暖畅,颇受欢迎。许多家庭还会炖麻油鸡、四物鸡来补充能量。麻油鸡是地方风味菜肴,是以鸡腿为主料,加入芝麻油烹制而成,成菜色泽红润、鸡肉酥软,令人食欲大增。按照地方风味分两种:川式麻油鸡(四川风味);台式麻油鸡(台湾风味)。

在福建潮汕,立冬要吃甘蔗、炒香饭。浙江绍兴的酒商要在这一天酿黄酒,俗称"冬酿"。

习俗种类最多的莫过于有"人间天堂"美誉的江苏。在旧时苏州,一些大户人家用红参、桂圆、核桃肉,在立冬时烧汤喝,有补气活血助阳的功效。无锡的习俗是"吃团子",团子用新粮食做成,有豆沙馅、萝卜馅、猪油馅,听说尤其是用酱油做成的馅味道特别好。

立冬游泳

现在有些地方庆祝立冬的方式现在也有了创新,在黑龙江哈尔滨、河南商丘、江西宜春、湖北武汉等地立冬之日,冬泳爱好者们就用冬泳这种方式迎接冬天的到来。冬泳无论在北方还是南方,是冬季人们喜爱的一种锻炼身体的方法。

农事活动

立冬前后,我国大部分地区降水显著减少。东北地区大地封冻,农林作物进入越冬期;江淮地区"三秋"已接近尾声;江南正忙着抢种晚茬冬麦,抓紧移栽油菜;而华南却是"立冬种麦正当时"的最佳时期。此时水分条件的好坏与农作物的苗期生长及越冬都有着十分密切的关系。

补肾藏精——立冬节气的养生

冬季之风为北风,其性寒。"寒"是冬季气候变化的主要特点。冬在五脏应肾。"冬不藏精,春必病温"即所谓要补肾藏精,养精蓄锐。寒为六淫邪之一,故冬天应保暖避寒,起居宜早睡晚起。

精神调养

冬季,人体的代谢处于相对缓慢的时期,因此冬季养生要注重"藏"。"藏"的意思是人在冬季要保持精神淡定。遇到不顺心的事情,要学会调控不良情绪,对于心中的郁闷,可通过适当方式发泄出来,以保持心态平和。同时要多晒太阳,有助于保持乐观心态。冬季昼短夜长,黑夜来临时,人体大脑松果体的褪黑激素分泌增强,能影响人的情绪,使人精神抑郁,而光照可抑制此激素的分泌。

起居调养

中医认为"寒为阴邪,常伤阳气",人体如果没有阳气,将失去新陈代谢的活力。而阳气对老年人来说尤为重要,所以立冬后的起居调养切记"养藏"阳气。一要早睡晚起:人们要适当早睡,但早晨也不易起得太早,尤其老年人时间允许的话,最好等太阳升起,阳气生发时再起床,既保证充足的睡眠,又利于阳气潜藏,阴精蓄积。二要注意衣着:太厚太薄都不好,衣着过少过薄、室温过低,易感冒又耗阳气;反之,衣着过多过厚,室温过高则腠理开泄,阳气不得潜藏,寒邪易于侵入。

运动健身

冬季锻炼不可少,适量的运动可增强身体抵抗力来抵挡疾病的侵袭。但要注意,冬天寒冷,人的四肢较为僵硬,锻炼前热身活动很重要。如伸展肢体、慢跑、轻器械的适量练习,使身体各关节活动开,微微出汗后,再进行有一定强度的健身运动。

衣着要根据天气情况而定,以保暖防感冒为主。运动后要及时穿上衣服,以免着凉。此外,有心脑血管疾病的人应禁止做剧烈运动,如打球、登山等。患有呼吸系统疾病的中老年人,应避免寒冷的刺激,运动应在日照充足时,避开早晚,以免诱发疾病发作,而老年人室外运动更应注意保暖。

饮食调养

俗话说:"药补不如食补"。食补在冬季调养中尤为重要。专家表示,冬季气温过低,人体为了保持一定的热量,就必须增加体内糖、脂肪和蛋白质的分解,以产生更多的能量,适应机体的需要,所以必须多吃富含糖、脂肪、蛋白质和维生素的食物。同时,天气寒冷也影响人体的泌尿系统,排尿增加,随尿排出的钠、钾、钙等无机盐也较多,因此应多吃含钾、钠、钙等无机盐的食物。

此外,也要多吃蔬菜,适当增加动物内脏、瘦肉类、鱼类、蛋类等食品,还可多吃鸡、甲鱼、羊肉、桂圆、木耳等食品,这些食品不但味道鲜美,而且富含蛋白质、脂肪、碳水化合物及钙、磷、铁等多种营养成分,不仅能补充因冬季寒冷而消耗的热量,还能益气养血补虚，对身体虚弱的人尤为适宜。

同时要注意，初冬时节是心血管病的高发期，这个时候要多吃清润甘酸的食物，如山楂、柚子、石榴、苹果等水果。由于其中含有鞣酸、有机酸、纤维素等矿物质，能起到刺激消化液分泌，加速胃肠蠕动的作用，可以滋阴润燥，增强抵抗力。不宜多吃麻辣类的火锅。饮食中适当多吃些醋，能起到软化血管、预防心血管病的发生。

小雪

每年的 11 月 22 日或 23 日为小雪节气,是二十四节气中的第 20 个。是日,斗指己,太阳到达黄经 240 度,这个时期天气逐渐变冷。小雪与雨水、谷雨等节气一样,都是反映降水多少的节气。它不同于我们日常所指降雪强度较小的小雪。如果说前面节气中白露、寒露、霜降是因气温下降水汽凝为水珠,发展到冷凝为霜,那么小雪则是因气温降至零下,降水凝为雪。古籍《群芳谱》中说:"小雪气寒而将雪矣,地寒未甚而雪未大也。"这就是说,到小雪节气由于天气寒冷,降水形式由雨变为雪,但此时由于"地寒未甚"故雪量还不大,所以称为小雪。

小雪节气中的"小雪"与日常天气预报所说的"小雪"意义不同,小雪节气是一个气候概念,它代表的是小雪节气期间的气候特征;而天气预报中的小雪是指强度较小的降雪。气象学上把下雪时水平能见距离等于或大于 1000 米,地面积雪深度在 3 厘米以下,24 小时降雪量在 0.1~2.4 毫米之间的降雪称为"小雪"。

我国地域辽阔,黄河中下游平均初雪期基本与小雪节气一致。"小雪"代表性地反映了黄河中下区域的气候特征。这时的北方已然是"荷尽已无擎雨盖,菊残犹有傲霜枝",呈现出一派初冬景象。

这一时期的北方地区气温持续走低。在立冬节气,我国的西北、东北的大部分地区已经有雪,到了小雪节气,华北地区将有降雪。如果说立冬节气标志着我国北方大部地区进入冬季的话,到了小雪节气,冷空气的直接表现就是使这些地区的气温逐步降到0℃以下。这一时期的长江中下游地区陆续进入冬季。

从全国来看,降水随着冬季的到来,逐渐跌入一年中的低谷,但江南比江北雨量还是偏多,虽说江南地区12月中下旬才有初雪,但此时的阴雨天气,给人们的感受已经不是深秋凉意,而是湿冷了,这种感觉比北方寒冷地区但有供暖条件的人们要难受得多。

地寒未甚——小雪节气的由来

《月令七十二候集解》有曰:"十月中,雨下而为寒气所薄,故凝而为雪。小者未盛之辞。"说的是农历十月中以后,由于天气逐渐寒冷,降水形式由雨变为雪,但雪量还不大,所以称为小雪。此时的雪常常是半冰半融状态,或落到地面后立即融化了,气象学上称之为"湿雪";有时还会雨雪同降,叫作"雨夹雪"。

我国古代将小雪分为三候:"一候虹藏不见;二候天气上升地气下降;三候闭塞而成冬。"意思是说:由于气温降低,北方以下雪为多,不再下雨了,雨虹也就看不见了;又因天空阳气上升,地下阴气下降,导致阴阳不交,天地不通,所以万物失去生机,天地闭塞而转入严寒的冬天。

唐代戴叔伦《小雪》诗云:"花雪随风不厌看,更多还肯失林峦。愁人正在书窗下,一片飞来一片寒。"

腌腊肉、晒鱼干——小雪节气的习俗

腌腊肉

民间有"冬腊风腌,蓄以御冬"之说。小雪后气温急剧下降,天气变得干燥,是加工腊肉的好时候。小雪节气后,一些农家开始动手做香肠、腊肉,等到春节时正好享受美食。

晒鱼干

小雪时节台湾中南部海边的渔民们会开始晒鱼干、储存干粮。乌鱼群会在小雪前后来到台湾海峡,另外,还有旗鱼、沙鱼等。台湾地区俗谚:"十月豆,肥到不见头",是指在嘉义县布袋镇一带,到了农历十月可以捕到"豆仔鱼"(豆仔鱼又叫凤尾鱼、刀鱼,它的种类相当多,但它的体型永远都长不大)。

吃糍粑

在南方某些地方,还有农历十月吃糍粑的习俗。古时,糍粑是南方地区传统的节日祭品,最早是农民用来祭牛神的供品。有俗语"十月朝,糍粑禄禄烧",就是指的这类祭祀。

吃"刨汤"

小雪前后,西南一些地方的各族群众又开始了一年一度的"杀年猪,迎新年"民俗活动,给寒冷的冬天增添了热烈的气氛。吃"刨汤"这种古老的民俗在南方很多地区都存在,老人们说:"刨汤"是指从刚杀的、已烫好、刨好的猪身上割下来的肉,现宰现吃。在古代"汤"是热水的意思,这里指烫猪用的热水;而杀猪用铁刮刮去毛的过程在民间称为"刨"。"刨汤"有一些不成文的规矩:杀猪要请人择吉日进行,请吃"刨汤"则一般在杀猪当天或第二天。"刨汤"的主料是取猪身上的肉和内脏,蔬菜多以自种的为主。农家自己喂的猪很少用饲料,蔬菜也少用化肥,所以即便没有手艺上好的厨师,桌上的菜却非常味美。

形成此俗的原因可能是由于当年物质生活匮乏,养猪不容易,而猪是农家财富的象征,杀年猪当然要让亲朋好友一起分享。

吃"刨汤"这种民俗在国内许多地方存在着,解释也大同小异。现主要分布于四川东部地区,及重庆、贵州等地的汉族地区,贵州的苗族地区也称此俗为"刨汤"。

潜藏收敛——小雪节气的养生

小雪节气,已呈初冬景象。这时气温持续走低,天气寒冷,提示我们到了御寒保暖的季节。此时节的养生重点是潜藏收敛。

精神调养

小雪节气中,天气时常是阴冷晦暗,此时人们的心情也会受其影响,特别容易引发抑郁症,所以应调节自己的心态,保持乐观,经常参加一些户外活动以增强体质。多晒太阳,多听音乐。清代医学家吴尚说："七情之病,看花解闷,听曲消愁,有胜于服药者也。"我国传统的医学理论十分重视阳光对人体健康的作用,认为常晒太阳能助发人体的阳气,特别是在冬季,由于大自然处于"阴盛阳衰"状态,而人应乎自然也不例外,故冬天常晒太阳,更能起到壮人阳气、温通经脉的作用。

生活起居

古人认为冬天的这3个月,人的精力和阳气都要"紧闭坚藏",因为冬季水结冰、大地变得坚硬无比,阳气潜藏,阴气活跃,草木凋零,蛰虫伏藏,万物活动趋向休止,所有的生物都在养精蓄锐。人体在冬季也不要随意扰动自身的阳气,破坏阴阳转换的生理机能。而应该固守阳气,早睡晚起适应冬季的特点。

所以,平时要注意人体阳气的潜藏和收敛,不要让身体过度出汗,注意保暖等。如果违反了这个道理,肾就有可能受伤,到了春天,人就有可能患上痿厥病症(手脚发凉、软弱无力等症),来年人体的养护就变得困难了。

因此,在冬季早睡晚起就显得很重要了,早睡可以养护人体的阳气,迟起能护卫人体的阴气。迟起并不意味着赖床不起,意思是说要以太阳升起的时间作为尺度,来决定自身起床的时间。《寿亲养老新书》中说:"唯早眠晚起,以避霜威",也说出了早睡迟起的另外一层含义,就是要注意人体的保暖。冬季天气寒冷,早早睡觉和稍晚一点起床都可以让人体保护好自己的"气息",免受风霜侵害。冬季就是一个守藏调养的季节,有效的休息是这个季节的重点。

小雪季节,人会更长时间地待在房间当中,在北方室内都有采暖设备,加之冬季降水量少,风多风大,气候较为干燥,室内的湿度也变得很低。这时应该在地面适当洒水,或者种植水仙等水中养殖的花草可以提高房间空气中的湿度,生活在 **40%** 左右的湿度当中会让人体感觉更加通畅和舒服。

适当运动

冬季寒气除伤阳外，另有凝滞、收引的特性，令体温降低、血行不畅、气机阻滞经络、筋脉收缩，对付这些问题最好的办法就是适度地运动。动能升阳，动助血行气畅。慢跑，爬楼梯，快步走都好，只是衣服不要穿得过多，令身热，微汗，脚上产生热感，胸中充满暖意就可以了。伸展运动一天也不要落下，最简单的立位体前驱，久坐开始发冷则起来做做，很快便暖和起来。

饮食：清润、温补

冬季，气候干燥时，许多人会出现不同程度的口干、便秘、皮肤干燥等现象。对于容易上火的人，日常饮食以清淡为原则，少吃辛辣、油腻。多煲汤喝，如吃竹笋、银耳、冬瓜之类。还适宜吃些降血脂食品，如苦瓜、玉米、荞麦、胡萝卜等。在天气湿冷时，适当吃一些温补性食物，也有益处，如羊肉、牛肉、狗肉和一些补品等。

大 雪

大雪是二十四节气中的第21个，在每年的12月7日或8日。是日，斗指甲，太阳到达黄经255度。大雪的意思是天气更冷，降雪的可能性比小雪时更大了，地面上可能会有积雪出现，气温比小雪更低，但并非是指降雪量一定很大。相反，我国大部分地区在"大雪"后降水量会减少，东北、华北地区12月平均降水量一般只有几毫米，西北地区则不到1毫米。

气象学上，雪的大小按单位时间的降雪量（降水量）分类：

小雪：12小时内降雪量小于1.0mm（折合为融化后的雨水量，下同）或24小时内降雪量小于2.5mm的降雪过程。

中雪：12小时内降雪量1.0~3.0mm或24小时内降雪量2.5~5.0mm或积雪深度达30mm的降雪过程。

大雪：12小时内降雪量3.0~6.0mm或24小时内降雪量5.0~10.0mm或积雪深度达50mm的降雪过程。

暴雪：12小时内降雪量大于6.0mm或24小时内降雪量大于10.0mm或积雪深度达80mm的降雪过程。

大雪期间降温幅度较大，由于我国南北方地域跨度大，因此南北各地呈现的气候特征各不相同。北方大部分地区平均气温已在0℃以下，尤其是黄河中下游一带河水封冻，开始出现积雪。而南方地区平均气温一般在8℃~9℃之间。相应地，南北方农事习俗也不一样。北方田间管理已很少，若下雪不及时，人们偶尔还在天气稍转暖时浇一两次冻水，提高小麦越冬能力。或者修葺禽舍、牲畜圈墙等，助禽畜安全过冬。俗话说"大雪纷纷是旱年，造塘修仓莫等闲"。妇女们则三五成群，扎堆做针线活。手艺之家将主要精力用在手艺上，如印年画、磨豆腐、编筐、编篓等赚钱补贴家用。

大者盛也——大雪节气的由来

历书对于大雪节气的描述为："斯时积阴为雪，至此栗烈而大，过于小雪，故名大雪也。"《月令七十二候集解》对大雪的解释如下:"大雪,十一月节。大者盛也,至此而雪盛矣。"《三礼义宗》记载:"时雪转甚,故以大雪名节。"

我国古代将大雪分为三候:"一候鹖旦不鸣;二候虎始交;三候荔挺出。"这是说此时因天气寒冷,寒号鸟也不再鸣叫了;由于此时是阴气最盛时期,正所谓盛极而衰,阳气已有所萌动,所以老虎开始有求偶行为;"荔挺"为兰草的一种,也感到阳气的萌动而抽出新芽。

大雪时节,除华南和云南南部无冬区外,我国辽阔的大地已披上冬日盛装,东北、西北地区平均气温已达零下10℃以下,黄河流域和华北地区气温也稳定在0℃以下,冬小麦已停止生长。江淮及以南地区小麦、油菜仍在缓慢生长。人们常说:"瑞雪兆丰年"。严冬积雪覆盖大地,可保持地面及作物周围的温度不会因寒流侵袭而降得很低,为冬作物创造了良好的越冬环境。积雪融化时又增加了土壤水分含量,可供作物春季生长的需要。另外,雪水中氮化物的含量很高,还有一定的肥田作用。所以有"麦盖三层被,枕着馒头睡"的农谚。

三九补,补一冬——大雪节气的习俗

进补

从中医养生学的角度看,整个冬季都是以进补为主,大雪时更应该进补,所谓"冬天进补,开春打虎"。冬令进补能提高人体的免疫功能,促进新陈代谢,使畏寒的现象得到改善。冬令进补还能调节体内的物质代谢,使营养物质转化的能量最大限度地贮存于体内,有助于体内阳气的升发,俗话说"三九补一冬,来年无病痛"。此时宜温补助阳、补肾壮骨、养阴益精。

进补要因人而异。并且食疗只是进补的一个方面,还可以进行药补、酒补以及神补。

大雪节气的食补以补阳为主，但应根据自身的状况来选择。像面红上火、口腔干燥干咳、口唇皲裂、皮肤干燥、毛发干枯等阴虚之人应以防燥护阴、滋肾润肺为主，可食用柔软甘润的食物，如牛奶、豆浆、鸡蛋、鱼肉、芝麻、蜂蜜、百合等，忌食燥热食物，如辣椒、胡椒、大茴香、小茴香等。如果经常面色苍白、四肢乏力、易疲劳怕冷等阳虚之人，应食用温热、熟软的食物，如豆类、大枣、怀山药、桂圆肉、南瓜、韭菜、芹菜、栗子、鸡肉等，忌食黏、干、硬、生冷的食物。

大雪腌肉

老南京有句俗语，叫作"小雪腌菜，大雪腌肉"。大雪节气一到，家家户户忙着腌制"咸货"。将大盐加八角、桂皮、花椒、白糖等入锅炒熟，待炒过的花椒盐凉透后，涂抹在鱼、肉和光禽内外，反复揉搓，直到肉色由鲜转暗，表面有液体渗出时，再把肉连剩下的盐放进缸内，用石头压住，放在阴凉背光的地方，半月后取出，将腌出的卤汁入锅加水烧开，撇去浮沫，放入晾干的禽畜肉，一层层码在缸内，倒入盐卤，再压上大石头，10日后取出，挂在朝阳的屋檐下晾晒干，以迎接新年。

"大雪腌肉"的习俗源自"年"的传说。相传中国古时有一叫"年"的怪兽，头上长角，凶猛异常，每到除夕便会出来伤人。人们为了躲避伤害，每到年底就足不出户。因此在"年"出来前就必须储备足够的食物。鸡、鸭、鱼、肉等食物无法久存，人们就想出了把这些肉食腌制后存储的办法，而新鲜蔬菜则采取风干的方法。

温补避寒——大雪节气的养生

中医认为，大雪节气前后，天气寒冷，应注意潜藏阳气，规避寒邪。否则，寒邪入侵就容易生病。因此，冬季应该注重温补避寒。

日常起居

大雪时节，万物潜藏，养生也要顺应自然规律，在"藏"字上下功夫。起居调养宜早眠早起，并要收敛神气，特别在南方要保持肺气清肃。早晚温差悬殊，老年人要谨慎起居，适当运动，增强对气候变化的适应能力。

大雪节令的特点是干燥，空气湿度很低。此外，衣服要随着温度的降低而增加，宜保暖贴身，不使皮肤开泄汗出，保护阳气免受侵夺。夜晚的温度会更低，夜卧时要加多衣被，使四肢暖和，气血流畅，这样则可以避免许多疾病的发生，如感冒、支气管炎、支气管哮喘、脑血栓形成等。

南方此时正是季节转换，昼夜温差变化较大，是中风易发作的时节，患有高血压、高血脂、糖尿病等的中风高危人群，以及曾中风已愈的人群，要时刻警惕再次中风。

体育锻炼是不可缺少的，可根据自己的年龄、性别、体质、爱好，选择不同的项目，须注意的是不要在大风、大雾中锻炼，现代科学认为，在大风大雾时，空气中悬浮的有害物质较多，呼吸这样的空气，对健康有害。

食补

从中医养生学的角度看，整个冬季都是以进补为主，大雪时更应该进补。大雪时空气中的寒冷度和湿度都会加大，在大雪到冬至的15天内，因天地之间的气仍然较虚，所以养生的主题跟小雪节气一样，以温补养阳为主。但要注意把握以下原则：

第一，养补适度：要恰到好处，不可太过，不可不及。若过分谨慎，会导致调养失度。稍有劳作则怕耗气伤神，稍有冷热变化便闭门不出，食之唯恐肥甘厚腻而节食少餐等。如此状态，都因养之太过而受到约束，不但有损健康，更无法"尽终天年"。

第二，养勿过偏：综合调养要适中。有人把"补"当作养，于是饮食强调营养，食必进补；起居强调安逸，静养唯一。还以补益药物为辅助。凡此种种，反而会影响健康。在进行调养时应采取动静结合、劳逸结合、补泻结合、形神供养的方法。

第三，补与通结合。大家都知道冬季"进补"，但却忽略了"通"才是健康的关键。光补不通也不行，中医所谓的"通"是气机、血、经络的畅通，气滞血瘀、经络郁阻同样会导致疾病的发生。冬季最简单的通法是多吃点萝卜。俗话说："冬吃萝卜夏吃姜，不要医生开药方"，为了御寒养生，古代皇家御膳的首选菜肴就是羊肉炖白萝卜。这道菜可以补充体内的阳气、温暖五脏，尤其适合肾虚和脾虚的人食用。

此外，因为白萝卜有消积滞、化痰清热、解毒等功效，所以冬季一般吃肉类等油腻食物后吃生萝卜可解腻、消食顺气。不过由于白萝卜味辛甘，性寒，所以脾胃虚寒、进食不化或体质虚弱者宜少食。此外，白萝卜破气，服人参等补药后不要食用，否则会影响药效。溃疡病患者也要慎食生萝卜，因为生吃萝卜产气较多。

大雪时节补好了，温补养阳得当，来年才会有坚实的身体底子。

冬 至

冬至，是二十四节气中的第 22 个，时间在每年的阳历 12 月 21 日至 23 日之间。是日，斗指戊，太阳位于黄经 270 度，阳光几乎直射南回归线，是北半球全年中白昼最短、夜晚最长的一天。《历书》中描述如下：斗指戊，斯時阴气始至明，阳气之至，日行南至，北半球昼最短，夜最长也。传说，到"冬至"的那一刻把"葭灰"（就是竹膜烧成的灰），放在无风的地上，"葭灰"就飘飞起来了。原因是冬至到了，阳气上升的结果，叫作"冬至而葭灰飞"。

《月令七十二候集解》说："冬至，十一月中。终藏之气至此而极也。蚯蚓结。六阴寒极之时蚯蚓交相结而如绳也。麋角解。说见鹿角解下。水泉动。水者天一之阳所生，阳生而动……"将冬至分为三候：初候，蚯蚓结；阳气未动，屈首下向，阳气已动，回首上向，故屈曲而结；二候，麋角解，阴兽也，得阳气而解；三候，水泉动，天一之阳生也。说明古人将冬至看作阴极而阳的转折之时。

冬至是中国农历中一个非常重要的节气，也是中华民族的一个传统节日，冬至俗称"冬节"、"长至节"、"亚岁"等，早在 2500 多年前的春秋时代，中国就已经用土圭观测太阳，测定出了冬至，它是二十四节气中最早制定出的一个。

阴极而阳——冬至节气的由来

古人对冬至的说法是：阴极之至，阳气始生，日南至，日短之至，日影长之至，故曰"冬至"。冬至在我国古代是很重要的一个节日，《清嘉录》有"冬至大如年"之说。这表明古人对冬至十分重视。人们认为冬至是阴阳二气的自然转化，是上天赐予的福气。

冬至作为一个节日，至今已有2500年以上的历史。

根据周朝的记载，当时以冬十一月为正月，以冬至为岁首过新年。也就是说，人们最初过冬至节是为了辞旧迎新，庆祝新的一年的到来，相当于现在的春节。同时，古人认为："冬至阳气起，君道长，故贺……"把冬至看作是阴极而阳始的转换点，自冬至起，天地阳气渐强，开始新的循环，是大吉之日。

直到汉武帝采用农历后，才把正月和冬至分开，因此可以说：过"冬节"是自汉代以后才有，盛于唐宋，相沿至今。因此，后来一般春节期间的祭祖、家庭聚餐等习俗，也往往出现在冬至。冬至又被称为"小年"，一是说明年关将近，余日不多；二是表示冬至的重要性。

汉代以冬至为"冬节"，官府要举行祝贺仪式称为"贺冬"，官方例行放假，官场流行互贺的"拜冬"礼俗。《后汉书》中有这样的记载："冬至前后，君子安身静体，百官绝事，不听政，择吉辰而后省事。"这天朝廷上下要放假休息，军队待命，边塞闭关，商旅停业，亲朋各以美食相赠，相互拜访，欢乐地过一个"安身静体"的节日。魏晋六朝时，冬至称为"亚岁"，民众要向父母长辈拜节。《晋书》上记载有"魏晋冬至日受万国及百僚称贺……其仪亚于正旦。"足见当时举国上下对冬至的重视。宋朝以后，冬至逐渐成为祭祀祖先和神灵的节庆活动。皇帝在这天要到郊外举行祭天大典，百姓在这一天要向父母尊长祭拜。

明、清两代在冬至这天，皇帝要到天坛祭天，谓之"冬至郊天"。第二天就在太和殿里接受文武百官的朝贺。宫内有百官向皇帝呈递贺表的仪式，而且还要互相投刺（互递名帖）祝贺，就像元旦一样。

冬至饺子夏至面——冬至节气的习俗

冬至是与夏至、春分和秋分相并列的四个重要节气，历来为国人所重视。在中华民族数千年的历史长河中，围绕着冬至衍生出很多有趣的习俗，流传至今。

冬至吃水饺

北方大部分地区在每年农历冬至这天，不论贫富，都要吃饺子。谚云："十月一，冬至到，家家户户吃水饺。"相传，这种习俗，是因纪念医圣张仲景冬至舍药留下的。

张仲景是南阳人，所著《伤寒杂病论》集医家之大成，被历代医者奉为经典。张仲景有名言："进则救世，退则救民；不能为良相，亦当为良医。"东汉时他曾任长沙太守，访病施药，大堂行医。后毅然辞官回乡，为乡邻治病，其返乡之时，正是冬季。他看到白河两岸乡亲面黄肌瘦，饥寒交迫，不少人的耳朵都冻烂了。便让其弟子在南阳东关搭起医棚，支起大锅，在冬至那天舍"祛寒娇耳汤"医治冻疮。他把羊肉、辣椒和一些驱寒药材放在锅里熬煮，然后将羊肉、药物捞出来切碎，用面包成耳朵样的"娇耳"，煮熟后，分给来求药的人每人两只"娇耳"，一大碗肉汤。人们吃了"娇耳"，喝了"祛寒汤"，浑身暖和，两耳发热，冻伤的耳朵都治好了。后人学着"娇耳"的样子，包成食物，取名"饺子"或"扁食"。

冬至吃饺子，是不忘医圣张仲景"祛寒娇耳汤"之恩。至今南

阳仍有"冬至不端饺子碗,冻掉耳朵没人管"的民谣。

冬至吃馄饨

南方有冬至吃馄饨的风俗。早在南宋时,临安人就在冬至吃馄饨,开始是为了祭祀祖先,后逐渐盛行开来,有"冬至馄饨夏至面"之说。馄饨发展至今,更成为名号繁多、制作各异、鲜香味美、遍布全国各地、深受人们喜爱的著名小吃。小小馄饨在全国各地的称呼太多了:江浙等大多数地方称馄饨,而广东则称云吞,湖北称包面,江西称清汤,四川称抄手,新疆称曲曲,等等。

冬至吃汤圆

冬至吃汤圆也是江南的习俗,"汤圆"是南方很多地区冬至必备的食品。这是一种用糯米粉制成的圆形甜品,"圆"意味着"团圆"、"圆满",冬至吃的汤圆又叫"冬至团"。民间有"吃了汤圆大一岁"之说。冬至团可以用来祭祖,也可用于互赠亲朋。旧时上海人最讲究吃汤圆,古人有诗云:"家家捣米做汤圆,知是明朝冬至天。"

冬至吃狗肉和羊肉

全国有不少地方,在冬至这一天有吃狗肉和羊肉的习俗,因为冬至过后天气进入最冷的时期,中医认为,羊肉和狗肉都有壮阳补体的功效。冬至吃狗肉的习俗据说是从汉代开始的。相传,汉高祖刘邦在冬至这一天吃了樊哙煮的狗肉,觉得味道特别鲜美,赞不绝口,从此在民间形成了冬至吃狗肉的习俗。现在的人们在冬至这一天,吃狗肉、羊肉以及各种滋补食品,是求来年有一个好兆头。

冬至吃赤豆饭

在江南水乡,有冬至之夜全家欢聚一堂同吃赤豆糯米饭的习俗。相传,有一位叫共工氏的人,他的儿子不成才,作恶多端,死于冬至这一天,死后变成疫鬼,继续残害百姓。但是,这个疫鬼最怕赤豆,于是,人们就在冬至这一天煮吃赤豆饭,用以驱避疫鬼,防灾祛病。

台湾:冬至祭祖

在我国台湾有"冬至过大年"的说法,至今还保存着冬至用九层糕祭祖的传统——用糯米粉捏成鸡、鸭、龟、猪、牛、羊等象征吉祥中意福禄寿的动物,然后用蒸笼分层蒸成,用以祭祖,以示不忘祖宗。同姓同宗者于冬至前约定,齐到祖祠中,依长幼之序,一一祭拜祖先,俗称"祭祖"。祭典之后,还会大摆宴席,招待前来祭祖的宗亲们。大家开怀畅饮,相互联络久别生疏的感情,称之为"食祖"。这一习俗在台湾世代相传,以示不忘自己的"根"。

满族:祭拜"祖宗杆子"

满族人则借冬至日消灾祈福,一般于冬至日五更时分邀请本家亲戚及挚友齐聚庭院席地而坐,磨刀杀猪,开始祭拜"祖宗杆子",仪式并不烦琐,有原始图腾崇拜的痕迹。通常在大门的东南角矗立一高旗杆,顶端为葫芦形,稍下放一方形筐,内盛碎猪肠和猪腔骨拌的米饭,用以祭祀乌鸦,据说乌鸦是满族古老氏族的图腾。祭祀完毕,亲朋围坐共吃俗称"神余"的"白肉",以此求得祖宗的保佑和神灵的庇护。

九九消寒图和九九歌

在传统的农历中，从冬至这天开始数九，民间流行填"九九消寒图"以供漫长的冬季消遣。"九九消寒图"通常是一幅双钩描红书法，上有繁体的"庭前垂柳珍重待春风"9字，每字9划，共81划，从冬至开始每天按照笔画顺序填充一个笔画，每过一九填充好一个字，直到九九之后春回大地，一幅"九九消寒图"就算大功告成。填充每天的笔画所用颜色根据当天的天气决定，晴则为红；阴则为蓝；雨则为绿；风则为黄；落雪填白。此外，还有采用图画版的九九消寒图，又称作"雅图"，是在白纸上绘制9枝寒梅，每枝9朵，一枝对应一九，一朵对应一天，每天根据天气实况用特定的颜色填充一朵梅花。元朝杨允孚在《滦京杂咏》中记载："试数窗间九九图，余寒消尽暖回初。梅花点遍无余白，看到今朝是杏株。"

最雅致的九九消寒图是作九体对联。每联9字，每字9划，每天在上下联各填一笔，如上联写有"春泉垂春柳春染春美"；下联对以"秋院挂秋柿秋送秋香"，称为九九消寒迎春联。然而，不管哪种九九消寒图，在消磨时日、娱乐身心的同时，都简单记录了气象变化。据说有经验的老人，还能根据九九消寒图，推测出这一年的雨水多寡和丰歉情况。

民间还流行"九九歌"，由于地域不同，风俗不同，有不同的版本。北京地区广泛传唱的是："一九二九不出手，三九四九冰上走，五九六九河堤看柳，七九河开，八九雁来，九九又一九，耕牛遍地走。"在内蒙古的边远乡村里，则唱成："一九二九呀门叫狗，三九四九冻死狗，五九六九消井口，七九河开，八九雁来，九九又一九，犁牛遍地走。"而在河北的蔚县地区则流传"一九二九呀门叫狗，三九四九冻破碌碡，五九六九开门大走，七九河开，八九雁来，九九又一九，犁牛遍地走。"这些细微的变化，反映了不同地区的不同气候条件和生活习俗。

赠鞋

冬至节，民间习惯赠鞋，其源甚古。《中华古今注》说："汉有绣鸳鸯履，昭帝令冬至日上舅姑。"曹植《冬至献袜履表》亦有"亚岁迎祥，履长纳庆"的句子。后来，赠鞋于舅姑的习俗，逐渐变成了舅姑赠鞋帽于甥侄了。主要体现在孩童身上，送给男孩子的礼物，帽子多做成虎形、狗形，鞋上刺绣的也是猛兽；送给女孩子的礼物，帽子多做成凤形，鞋上刺绣多为花鸟。现在这些赠品多数是从集市购买，形式紧跟着时代的潮流。每逢节日，大人们总喜欢抱着小孩串门子，夸耀舅姑赠送的鞋帽。

"隆师"与"履长"

关于隆师，先贤曾有"君子隆师而亲友"(《荀子·修身》)的教诲，隆有"尊崇"的意思，"隆师"就是敬师、拜师。旧时，冬至这天是学生向私塾老师表达敬意的日子。据说，到了冬至这一天，小学生们要穿新衣，携酒和肉脯前去拜师。先生要带领学生拜孔子牌位。然后由学董带领学生拜先生。校方由学董牵头，宴请教书先生。山西民间有"冬至节教书的"的谚语，说的就是这种尊师风俗。民国前，各书院、学院和私塾都非常重视这一习俗；民国后，一些私塾还在奉行"隆师"。至今民间仍有冬至节请教师吃饭的习俗。

所谓履长，是指晚辈礼拜尊长，特指儿媳献履献袜。冬至日的礼拜一定要铺排家宴，向父母尊长行礼，儿媳妇给公公婆婆献履献袜，这正是"履长"的本义。这种习俗至晚在魏晋时便已形成了。

收藏阳气——冬至节气的养生

冬至是一个非常重要的节气，在《易经》中有"冬至阳生"的说法——冬至这一天，阴极阳生，此时人体内阳气蓬勃生发，最易吸收外来的营养，而发挥其滋补功效，也就是说，在冬至前后人们开始进补是最好时间。

中医学认为，人与天地相参，气候变化影响人的生理活动。春夏为阳，气候温热；秋冬为阴，气候寒冷。人也随着四时气候的变化，而发生生理上的变化。冬季的3个月份，是阳气收藏的时期。天气非常寒冷，应重视该保护身体的阳气，不要使阳气过度耗散。否则，体内阳气储存不足，次年春天容易发生四肢无力、头晕欲厥之类的现象，对养生不利。

冬至养生主要包括养心、起居、药物、饮食、进补禁忌等5个方面。

精神方面：养心为重

"壮不竞时，精神灭想"。冬至养生重点是要养心。要养生先养善良、宽厚之心，心底宽自无忧。要静神少虑，保持精神畅达乐观，不以物喜，不以己悲。不为琐事劳神，不强求名利、患得患失；避免过度劳累，积劳成疾。

起居护养要适度

在起居上，应早睡晚起，等待阳光出现才出外活动。同时也要多穿衣服，避免不必要的户外活动，防止阳气过度的消耗。"起居有常，养其神也，不妄劳作，养其精也"，冬令时节若能合理安排起居作息，就能保养神气，劳逸适度可养肾精。尽量做到："行不疾步、耳不极听、目不极视、坐不至久、卧不极疲"。

饮食调养

冬令气候趋寒，天地阳气潜藏，应之人体，冬季亦为人体养精蓄锐的最佳时段。在这个阶段，不仅仅在起居方面注重养生，也应重视饮食、药物的冬令进补。

在冬季适宜补益的食品中，中医又分为几大类。天寒地冻，首选温补类食物。如鸡、羊肉、牛肉、鲫鱼等。上述几种，均属美味，在冬季可作为进补的佳品。但过多地进食温补类食品，容易上火。

进补平补类食物：

莲子、芡实、苡仁、赤豆、大枣、燕窝、蛤士蟆、银耳、猪肝等，这些食物既无偏寒、偏温的特性，又无滋腻的不足。还有一类滋补类食物，具有滋阴益肾、填精补髓的功效。主要有：木耳、黑枣、芝麻、黑豆、猪脊、海参、龟肉、甲鱼、鲍鱼等。

药物相助养护脾肾

药物养生应以"固先天之本，护后天之气"为主。所谓"先天之本"即肾为先天之本，生命之根。肾气充盛，机体代谢能力强，人的衰老速度缓慢；所谓"后天之气"指脾胃为后天之气，又是气血生化之源，机体生命活动所需的营养物质都靠脾胃供给。所以，这个季节的药物养生应以固护脾、肾为重点。

小　寒

　　小寒是二十四节气中的第23个,在1月5~7日之间。是日,斗指戊,太阳位于黄经285度。小寒是一个反应温度变化的节气。对于中国大部分地区而言,小寒标志着开始进入一年中最寒冷的日子。根据气象资料,小寒是气温是最低的的节气,只有少数年份的大寒气温低于小寒的。

　　气候观测资料表明,我国大部地区从"小寒"到"大寒"节气这一时段的气温是全年最低的,"三九、四九冰上走"和"小寒、大寒冻作一团"及"街上走走,金钱丢手"等民间谚语,都是形容这一时节的寒冷。由于气温很低,小麦、果树、瓜菜、畜禽等易遭受冻寒。

冷在三九——小寒节气的由来

　　小寒与大寒、小暑、大暑及处暑一样,都是表示气温冷暖变化的节气。《月令七十二候集解》中说"小寒,十二月节。月初寒尚小,故云,月半则大矣",就是说,在黄河流域,当时大寒是比小寒冷的。又由于小寒还处于"二九"的最后几天里,小寒过几天后,便进入"三九",

"三九"基本上处于本节气内,因此又有"小寒胜大寒"之说。

冬季的小寒正好与夏季的小暑相对应,所以称为小寒。位于小寒节气之后的大寒,处于"夜眠如露宿"的"四九"也是很冷的,并且冬季的大寒恰好与夏季的大暑相对应,所以称为大寒。

小寒所以被看作是一年中最寒冷的节气,是因为在冬至时,地表得到太阳光、热最少,但尚有土壤深层的热量补充,所以还不是全年最冷的时候。等到冬至过后,也是到"三九"前后,土壤深层的热量也消耗殆尽,尽管得到太阳光、热稍有增加,仍入不敷出,于是便出现全年的最低温度。

《月令七十二候集解》指出了小寒节气的物候特征:"一候雁北乡,二候鹊始巢,三候雉始雊"。古人认为,候鸟中大雁总是顺阴阳而迁移,此时阳气已动,所以大雁开始向北迁移;此时北方到处可见到喜鹊,并且感觉到阳气而开始筑巢;第三候"雉雊"的"雊"为鸣叫的意思,雉在接近"四九"时会感阳气的生长而鸣叫。

小寒节气北京的平均气温一般在-5℃上下,极端最低温度在-15℃以下;我国东北北部地区,这时的平均气温在-30℃左右,极端最低气温可低达-50℃以下,午后最高气温平均也不过-20℃,黑龙江、内蒙古和新疆北纬45°以北的地区及藏北高原,平均气温在-20℃上下,北纬40°附近的河套以西地区平均气温在-10℃上下,都是一派严冬的景象。秦岭、淮河一线平均气温则在0℃左右,此线以南已经没有季节性的冻土,冬季作物也没有明显的越冬期。这时的江南地区平均气温一般在5℃上下,虽然田野里仍是充满生机,但亦时有冷空气南下,造成一定危害。

腊八粥和腊八蒜——小寒节气的习俗

腊八粥和腊八蒜

腊八节,中国农历腊月最重大的节日之一。农历十二月称腊月,十二月初八，古代称为"腊日"，俗称"腊八节"。从先秦起，腊八节都是用来祭祀祖先和神灵，祈求丰收和吉祥。还有一种说法，说是佛教创始人释迦牟尼的成道之日也在十二月初八，因此腊八也是佛教徒的节日，称为"佛成道节"。

腊八这一天有喝腊八粥的习俗，腊八粥也叫"七宝五味粥"。我国喝腊八粥的历史，已有1000多年。最早始于宋代。每逢腊八这一天，不论是朝廷、官府、寺院还是黎民百姓家都要做腊八粥。到了清朝，喝腊八粥的风俗更是盛行。在宫廷，皇帝、皇后、皇子等都要向文武大臣、侍从宫女赐腊八粥，并向各个寺院发放米和干果等供僧侣食用。

中国各地腊八粥的花样，争奇竞巧，品种繁多。其中以北京的最为讲究，掺在白米中的物品较多，如红枣、莲子、核桃、栗子、杏仁、松仁、桂圆、榛子、葡萄、白果、菱角、青丝、玫瑰、红豆、花生……总计不下 20 种。人们在腊月初七的晚上，就开始忙碌起来，洗米、泡果、剥皮、去核、精拣，然后在半夜时分开始煮，再用微火炖，一直炖到第二天的清晨，腊八粥才算熬好了。

更为讲究的人家,还要先将果子雕刻成人形、动物、花样,再放在锅中煮。比较有特色的就是在腊八粥中放上"果狮"。果狮是用几种果子做成的狮形物,用剔去枣核烤干的脆枣作为狮身,半个核桃仁作为狮头,桃仁作为狮脚,甜杏仁用来做狮子尾巴。然后用糖粘在一起,放在粥碗里,活像一头小狮子。如果碗较大,可以摆上双狮或是四头小狮子。更讲究的,就是用枣泥、豆沙、山药、山楂糕等具备各种颜色的食物,捏成八仙人、老寿星、罗汉像。这种装饰的腊八粥,只有在以前的大寺庙的供桌上才可以见到。

腊八粥熬好之后,要先敬神祭祖。之后要赠送亲友,一定要在中午之前送出去。最后才是全家人食用。吃剩的腊八粥,保存着吃了几天还有剩下来的,就是好兆头,取其"年年有余"的意义。如果把粥送给穷苦的人吃,那更是为自己积德。

腊八粥在民间还有巫术的作用。假如院子里种着花卉和果树,也要在枝干上涂抹一些腊八粥,相信来年多结果实。陕西甘肃等西北地区,到了腊八这一天,除了全家老小饱食腊八粥外,还要给牲口、鸡狗喂一些,在门上、墙上、树上抹一些,图个吉利。

在腊八这一天,大家除了要喝腊八粥外,还要吃腊八饭、泡腊八蒜。

泡腊八蒜是北方,尤其是华北地区的一个习俗。顾名思义,就是在阴历腊月初八的这天用醋泡制蒜。做法极其简单:将剥了皮的蒜瓣儿放到一个可以密封的罐子、瓶子之类的容器里面,然后倒入醋,封上口放到一个冷的地方。慢慢地,泡在醋中的蒜瓣就会变绿,最后会变得通体碧绿的,如同翡翠碧玉。蒜瓣有醋的酸味,而醋有蒜的辛辣味。

南京:吃菜饭

古时,南京人对小寒颇重视,但随着时代变迁,现已渐渐淡化,如今人们只能从生活中寻找出点点痕迹。到了小寒,老南京一般会煮菜饭吃,菜饭的内容并不相同,有用矮脚黄青菜与咸肉片、香肠片或是板鸭丁，再剁上一些生姜粒与糯米一起煮的，十分香鲜可口。其中矮脚黄、香肠、板鸭都是南京的著名特产，可谓是真正的"南京菜饭"，甚至可与腊八粥相媲美。

小寒节气中当地居民日常饮食也偏重于暖性食物，如羊肉、狗肉，其中又以羊肉汤最为常见，有的餐馆还推出当归生姜羊肉汤，近年来，一些传统的冬令羊肉菜肴重现餐桌，再现了南京寒冬食俗。

广东：吃糯米饭

广州传统，小寒这天早上吃糯米饭，为避免太糯，一般是60%糯米、40%香米，把腊肉和腊肠切碎、炒熟，花生米炒熟，加一些碎葱白，拌在饭里面吃。

补脾胃、温肾阳——小寒节气的养生

我国中医学认为"天人相应"，《黄帝内经·素问卷第八》的《宝命全角论》中有"人以天地之气生，四时之法成"的论述。人既然生于自然就应该与自然合为一体，顺应自然的规律，方可"尽终天年"。春生、夏长、秋收、冬藏，是大自然的规律。冬至到小寒、大寒的这段时间，是一年中最寒冷的季节，在此期间应注意养生"冬藏"。

《内经》中对于冬季养生是这样看的："冬三月，此谓闭藏，水冰地坼，无扰乎阳，早卧晚起，以待日光。"意思是说，冬季里，自然界中的阳气处于一种封藏的状态，春夏那种地气蒸腾的气氛都消失了，天气变得寒冷、干燥。人要顺应大自然这种封藏之性，早睡晚起，等到日出再起床。因为日出象征着阳气的强壮，此时人动，就不会被寒所伤。有些老年人喜欢早起锻炼，勤奋是好事，但是早到冬季也是凌晨三四点钟起床外出并不是一件好事，容易诱发各种疾病。冬季养生总的原则是就温远寒，但不是就热，因为热则开发腠理，也会扰动阳气。有的地方冬天烧暖气，室内温度达到25℃以上，人会出汗，腠理开泄，等再出门时遇到寒气就容易患病，小儿、老年人最易受害。为何要闭藏，因为只有藏才能有发，今冬的藏就是为了来年春天更有生气，否则今冬把一点阳气耗散，明年生机不会壮旺。不光身体要顺应自然，精神也要顺应自然。前面说的"使志若伏若匿，若有私意，若已有得"说的就是精神要保持一种闭藏状态。

小寒节气的养生主要包括以下几个方面：

精神调养

深冬养生，要静神少虑，保持精神畅达乐观，不为琐事劳神，不要强求名利、患得患失；避免长期"超负荷运转"防止过度劳累，积劳成疾。

同时要注意不要被季节性情感障碍所困扰。如果出现严重的抑郁倾向，一定要尽快咨询心理医生，积极进行防治，以免患上冬季抑郁症。

日常起居

中医指出："起居有常，养其神也，不妄劳作，养其精也"。冬季养生若能合理安排起居作息，就能保养神气，劳逸适度可养其肾精。尽量做到"行不疾步、耳不极听、目不极视、坐不至久、卧不极疲"。冬至前后睡好"子午觉"在养生学中具有重要地位，除了保证夜间睡眠，午饭后可适当打个盹，但要避免睡时着凉；其次，要注意防风防寒；再次，冬至节气宜在白天多晒太阳，以利阳气的生长。

适当进补

冬令气候趋寒，天地阳气潜藏，应之人体，冬季亦为人体养精蓄锐的最佳时段。在冬季，人们不仅仅在起居方面注重养生，也应重视饮食、药物的冬令进补。

冬令进补是我国民间传统的养生方法，民谚素有"三九补一冬，来年无病痛；今年冬令补，明年可打虎"之说，冬至以后"阴极阳生",人体内阳气蓬勃生发,最易吸收外来的营养而发挥滋补功效。

饮食调养

俗话说,药补不如食补。在冬季如果能恰当选择既美味,而又具有补益身体的食物,无疑会让大家接受。

中医认为,冬季养生饮食在首选温补类食物,如鸡肉、羊肉、牛肉、鲫鱼等;其次可选平补类食物,如莲子、芡实、薏米仁、赤豆、大枣、燕窝、蛤士蟆、银耳、猪肝等;还有一类食物具有滋阴益肾、填精补髓的功效,如木耳、黑枣、芝麻、黑豆、猪脊、海参、龟肉、甲鱼、鲍鱼等。

冬季养生切不可盲目,以免犯了禁忌,必要时可通过咨询医生,在医生的指导下进行。人体的体质有阴阳寒热之别,脏腑气血的盛衰千差万别,过去的病史也错综复杂,因此进补方案需因体质制宜、因病制宜,在吃补药前先要调理好脾胃,或先吃一些"开路方",才补得进去。

特别是老年人,冬令进补不能忘记人体脏腑、气血、阴阳等各方面的平衡。老年人往往集多种疾病于一身,在服用进补的膏方时,应对膏方辅料的性能、饮食禁忌等有所了解,以防止引起不良反应。如服含有人参、黄芪等补气的膏方时,应忌食生萝卜;服用膏方时一般不宜用茶水冲饮;如遇感冒发热、伤食腹泻等,也应暂停服用膏方。

对于高血压、动脉硬化、冠心病等疾病患者来说,冬至以后要更加注意防寒保暖,及时添衣,衣裤既要保暖性能好,又要柔软宽松,不宜穿得过紧,以利于血液的流畅。此外,还应该合理调节饮食起居,不酗酒、不吸烟、不过度劳累,情绪稳定,保持良好的心境,切忌急躁和精神抑郁。

大 寒

大寒是二十四节气中的最后一个。每年1月20日前后，斗指癸，太阳到达黄经300度时为大寒。同小寒一样，大寒也是表示天气寒冷程度的节气。《授时通考·天时》引《三礼义宗》："大寒为中者，上形于小寒，故谓之大……寒气之逆极，故谓大寒。"望文思意，大寒应该冷于小寒。这段时间，欧亚大陆高纬度地区的寒潮南下频繁，是中国大部分地区一年中的最冷时期，风大、低温、地面积雪不化，呈现出冰天雪地、天寒地冻的严寒景象。

但也有一种说法"小寒胜大寒"，即小寒比大寒更加寒冷。依照"冷在三九"、"三九四九河上走"、"三九四九冻死狗"的说法。小寒一共15天，其中有12天在"三九"、"四九"中，所以推断小寒期间气温最低。

实际上关于小寒和大寒到底哪个节气更冷这个问题，并没有一个确切的答案。历史资料统计表明：不同地点、不同年份情况不尽相同，一般来说，北方大寒节气的平均最低气温要低于小寒节气的平均最低气温；南方则反之。

常言道："雨雪年年有，不在三九在四九"，小寒、大寒是一年中雨水最少的时段。常年大寒节气中，中国南方大部分地区雨量仅较前期略有增加,华南大部分地区为5~10毫米,西北高原山地一般只有1~5毫米。

天寒地冻——大寒节气的由来

《历书》记载:"小寒后十五日,斗指癸为大寒,时大栗烈已极,故名大寒也。"是说小寒以后15日即为大寒,其时已进严寒季节,天寒地冻。在古人看来"大寒"就是天气寒冷到极点的节气。

《月令七十二候集解》中载:"大寒,十二月中。"并将大寒分为"三候":"一候鸡乳;二候征鸟厉疾;三候水泽腹坚。"就是说大寒节气便可以孵小鸡了;而鹰隼之类的征鸟,却正处于捕食能力极强的状态中,盘旋于空中到处寻找食物,以补充身体的能量抵御严寒;在一年的最后5天内,河湖水域中的冰一直冻到水中央,且最结实、最厚——冰之初凝,水面而已,至大寒则上下皆凝。显然,先祖们已经意识到大寒节气虽是深冬,冷到极点,但毕竟是冬季的最后一个节气,春天已然近在眼前了。

祭灶和除夕——大寒节气的习俗

按我国的风俗,特别是在农村,每到大寒时节,人们便开始忙着扫尘洁物,除旧布新;写春联,腌制年肴;赶年集、买年货,准备各种祭祀供品,同时祭祀祖先及各种神灵,祈求来年风调雨顺。清人厉惕齐的"真州竹枝词引"里说:"腌肉鸡鱼鸭,曰'年肴',煮以迎岁,鱼肉多者曝之,留之消夏。"这是指在大寒腊月天,人们忙着腌制腊味,腌制过的肉类可以久藏不坏。

此外,旧时大寒时节的街上还常有人们争相购买芝麻秸的影子。因为"芝麻开花节节高",除夕夜,人们将芝麻秸洒在行走之外的路上,供孩童踩碎,谐音吉祥意"踩岁",同时以"碎"——

"岁"谐音,寓意"岁岁平安",求得新年节好口彩。这也使得大寒驱凶迎祥的节日意味更加浓厚。在大寒至立春这段时间,有很多重要的民俗和节庆,如尾牙祭、祭灶和除夕等。大寒节气中充满了喜悦与欢乐的气氛,是一个欢快轻松的节气。

尾牙祭

尾牙源自于拜土地公做"牙"的习俗。所谓二月二为头牙,以后每逢初二和十六都要做"牙"。到了农历十二月十六日正好是尾牙。尾牙同二月二一样有春饼(南方叫润饼)吃,这一天买卖人要设宴招待伙计,白斩鸡为宴席上不可缺的一道菜。据说鸡头朝谁,就表示老板明年要解雇谁。因此现在有些老板一般将鸡头朝向自己,以使员工们能放心地享用佳肴,回家后也能过个安稳年。

祭灶;过小年

在历史上,年前有四个比较有重要意义的日子。冬至、拜灶神(十二月廿四日)、小年夜(除夕前一天)、大年夜(除夕)。在宋代的时候为了节约时间，小年夜和拜灶神合并成小年夜，放在十二月廿四。在清代的时候又发生改变，因为农历十二月廿三日是满族祭祖的日子，因此清皇室规定，农历十二月廿三日是小年，随后逐渐推广。因此在北方地区的小年夜就变成了十二月廿三日，而南方大部分地区仍然是十二月廿四日。

在北方地区，腊月二十三日为祭灶节。传说灶神（灶王爷）是玉皇大帝派到每个家中监察人们平时善恶的神，每年岁末回到天宫中向玉皇大帝奏报民情，让玉皇大帝赏罚。因此送灶时，人们在灶王像前的桌案上供放糖果、清水、料豆、秣草；其中，后三样是为灶王升天的坐骑备料。祭灶时，还要把关东糖用火融化，涂在灶爷的嘴上。这样，他就会在玉帝那里只讲好听的话，而不讲坏话了。常用的灶神联上也往往写着"上天言好事，回宫降吉祥"或是"上天言好事，下界保平安"之类的字句。另外，大年三十的晚上，灶王还要与诸神来人间过年，所以俗语有"二十三日去，初一五更来"之说，届时还得有"接灶"、"接神"的仪式。在岁末卖年画的小摊上，也卖灶王爷的图像，以便在"接灶"仪式中张贴。图像中的灶神是一位眉清目秀的美少年，因此我国北方有"男不拜月，女不祭灶"的说法，以示男女授受不亲。也有的地方对灶王爷与灶王奶奶合祭的，便不存在这一说法了。

腊月二十三"祭灶"是很隆重的，在中国北方地区被看作是"小年"、"年关"。从这一天开始人们的活动都围绕着"过年"这一主题，为新年做准备。北京地区流传着这样一首儿歌："二十三，糖瓜粘；二十四，扫房子；二十五，磨豆腐；二十六，炖羊肉；二十七，宰公鸡；二十八，把面发；二十九，蒸馒头，三十晚上闹一宿；大年初一扭一扭。"从这"小年"开始直到来年的正月十五都被看作是在"过年"。

在南方习俗里的"入年关"，是从农历十二月二十四日开始，这天要送地界的众神回天上谒帝，于正月初四接众神回地界，俗称：

"送神"。这天所准备的祭品较为丰富,有茶果牲礼。后来风俗则是恭送"灶君"返回天庭,因此人们准备甜点,一早将司管人间的灶神送回天上,向玉皇大帝报告各家各户的善恶,等到初四才迎接回来。为了能多几天没"神"监管的日子,通常"送神早,接神迟"好让"灶君"在天庭放假时间多一些,同时也希望常驻在家里的神在天庭能多说几句好话,所以都用甜料(以麦芽糖、汤圆甜为祭品),所谓"吃甜甜,说好话"来祭拜,并在神像两旁贴上"好话传上天,坏话丢一边"的对联。送神之后就准备过年,所以有"廿四送神,廿五挽面",接着廿六日就举行大扫除,俗称"拂尘",将家内刷洗一新,意味着除去旧年的一切晦气。

除夕

腊月三十为除夕。元旦是一年之始,而除夕是一年之终。我国人民历来重视有始有终,所以除夕与第二天的元旦这两天,便成为我国最重要的节庆。尽管过去从封印日至开印日都是过年活动期间,但从古至今最隆重的便是除夕与元旦这两天。我国各地在腊月三十这天的下午,都有祭祖的风俗,称为"辞年"。除夕祭祖是民间大祭,有宗祠的人家都要开祠,并且门联、门神、桃符均已焕然一新,还要点上大红色的蜡烛,然后全家人按长幼顺序拈香向祖宗祭拜。

除夕之夜,人们要鸣放烟花爆竹,焚香燃纸,敬迎谒灶神,叫作"除夕安神"。入夜,堂屋、住室、灶下,灯烛通明,全家欢聚,围炉熬年、守岁。新中国建立后,安神烧香活动渐废,其他欢庆活动依然。20世纪80年代以后,除夕夜晚又增加了看各家电视台的春节晚会,参加娱乐活动等新内容。

除夕的晚餐又称年夜饭,是中国人一年中最重要的一顿饭。这顿饭主食为饺子,还有很多象征吉祥如意的菜肴。如"鱼"与"余"同音,一般只看不吃或不能吃完,取"年年有余"之意;韭菜取其"长久"之意;鱼丸与肉丸取其"团圆"之意等,这些都是不能少的菜肴。吃过年夜饭便开始守岁,一到子时,便开始燃放烟花爆竹，庆贺新年。过年的压岁钱一般是用红纸包好，有的放在祭祖的供桌上，也有的压在岁烛下，也有大人偷偷压在小孩枕下，其意义均相同，是为勉励晚辈来年更聪明而有更大的收获。

养阴护阳——大寒节气的养生

大寒是二十四节气的最后一个，此时正值生机潜伏、万物蛰藏的冬季，人体的阴阳消长代谢也处于相当缓慢的时候。大寒养生还是要顺应冬季"藏"的原则。要静神少虑，保持精神畅达乐观，不为琐事劳神。

日常起居——早睡晚起

早睡可以养人体的阳气，晚起可以养阴气，使精气内聚以润五脏，从而增强身体的免疫力。对于上班族特别提倡早睡1小时。老年人尤其要注意不宜过早起床，晨练要推迟一些，最好待日出后再出门。早晨寒气生发，有时还有雾气，极易寒邪侵入。

防五寒

大寒来临，到了最冷的时光，让很多人感到不适，稍不注意就可能得病。专家提醒，此时特别要防"五寒"：

一防颈寒：戴围巾穿立领装。

冬天是颈椎病高发的季节。颈部是人体的"要塞"，不但充满血管，还有很多重要的穴位，比如大椎穴、风池穴，以及延伸到肩部的肩井穴。大寒节气阴邪最盛，一定要注意颈部的保暖。一条围巾或者立领冬装就能解决问题，不但能挡住寒风，给脖子保暖，还能避免头颈部血管因受寒而收缩，对预防高血压病、心血管病、失眠等都有一定的好处。

二防鼻寒：晨起冷水搓鼻。

天冷后"凉燥"更明显，鼻炎成了许多人的大麻烦。每天早晚用冷水洗鼻有利于增强鼻黏膜的免疫力，是防治鼻炎的不错办法。

用冷水洗鼻子时，顺便揉搓鼻翼可改善鼻黏膜的血液循环，有助缓解鼻塞、打喷嚏等过敏性鼻炎症状。

三防肺寒：喝热粥散寒。

风寒感冒是冬日最常见的毛病。症状较轻的，可以选用一些辛温解表、宣肺散寒的食材，熬制"神仙粥"，就有不错疗效。有歌云："一把糯米煮成汤，七根葱白七片姜，熬熟兑入半杯醋，伤风感冒保安康"。温服后上床盖被，微热而出小汗。每日早、晚各1次，连服2天。

四防腰寒：双手搓腰暖肾阳。

双手搓腰有助于疏通带脉、强壮腰脊和固精益肾。肾喜温恶寒，常按摩能温煦肾阳、畅达气血。具体的做法是：两手对搓发热后，紧按腰眼处，稍停片刻，然后用力向下搓到尾椎骨（长强穴）。每次做50~100遍，每天早晚各做一次。

五防脚寒：常做足浴。

"寒从脚起，冷从腿来"，人的腿脚一冷，全身皆冷。应该养成睡前热水洗脚或泡脚的习惯。水温控制在40℃左右，水淹没踝关节处；每次浸泡20~30分钟，不时添加热水保持水温，泡后皮肤呈微红色为好；泡足后擦干用手按摩足趾和脚掌心2~3分钟。足浴后最好在半小时内就寝，保证效果。

运动健身

大寒养生运动，在冬季，运动锻炼是养生的精髓所在。因为这也是有老话的。俗话说："冬天动一动，少闹一场病"。

在"大寒"节气里，气候一冷一热很容易感冒。所以如果要运动的话，最好等到太阳出来以后再进行户外锻炼。由于户外气温比室内低，人的韧带弹性和关节柔韧性都没有之前的灵活，为避免造成运动损伤。专家建议：冬天在运动前先要做一些运动前的热身准备。

冬季可循序渐进地进行一些有氧运动，比如快走、慢跑、跳绳、踢毽子、打太极拳、打篮球等，既运动了肢体，也加强了气血循环运行，使气血旺盛，气机通畅，血脉顺和，全身四肢百骸才能温暖。中、老年人可在居室中坚持脸部、手部、足部的冷水浴法，来增强机体的抗寒能力。大寒时节的运动应注意适宜、适度，同时室外活动不可太早，待日出后再进行为好。

参考文献

[1] 国学常识、国学经典、国学精粹一本通[M]. 中国华侨出版社, 2011年.

[2] 舒丹. 24节气与中医保健[M]. 中国物资出版社, 2007年.

[3] 祝亚平. 中华文明探微·润物的歌咏：中国节气[M]. 北京教育出版社, 2013年.

[4] 张超. 24节气常识一本通（超值实用版）[M]. 中国纺织出版社, 2013年.

[5] 许彦来. 二十四节气知识大全集[M]. 天津科学技术出版社, 2013年.

[6] 海文琪. 顺时养生：藏在时辰和节气里的养生秘诀[M]. 中国轻工业出版社, 2011年.